クルマ好きを仕事にする

熱血自動車生活

いのうえ・こーいち

クルマ好きを仕事にする

まえがき

「好きを仕事にする」

クルマで人生を決めてしまう。熱心なクルマ好きというのも、ある面クルマによって人生を決めてしまっている部分もあるかもしれないが、やはり、その道のプロ、という人たちは、掛け値なしに人生を賭けている。その凄さは、もっと敬意を表してもいい。だって、われわれ、クルマが好きな、所詮アマチュアなのだから。

アマチュアだからクルマが「趣味」だといえ、本当に好き嫌いでクルマを語り、楽しみ、慈しむことができる。プロになった瞬間に、捨ててしまわなければならないものも少なくないのだ。

「アルピーヌのようなクルマは、供給する方も需要も、どんどんエスカレートしてきて、もう一品の掘り出し物みたいになっているんです。そういうクルマを見付けるでしょ。それを売らなきゃならない、実際に納車するときなどは、本当涙ちょちょ切れちゃいますよ（笑）」

と本文で登場いただくひとり、「t・d・f」の加藤哲男さんはいうけれど、その気持ちは良く分かる。自分も欲しくて仕方なかったものを、ひとに売ってしまわなければならない。それは、写真のように複製ができてしまうものしか知らない小生には分からないが、画家や彫刻家など芸術家にも匹敵するものかもしれない、と思ったりする。でも、芸術家は持って生まれた性分としてつねに過去を否定するわけだから、欲しかったものを売ってしまう「好きで仕事をする」ショップのボスの方がきついことかもしれない。

「そうですよ、われわれは芸術家とは違って、俗人ですから……」

と、加藤さんは嘘とも本当ともつかぬ口調でいうけれど、その心中はやはり「好きを仕事に」してしまった酸っぱい部分があるのだろう。それが趣味を同じゅうする小生には痛いほど伝わってくるのだった。

「好きを仕事にする」、その凄さと苦しさ、そんな綯い交ぜの中で、もう20年もプロをつづけている人たちには、無条件で敬意を表さなければならない、と思うのだ。彼らが20年の間に培った経験。それは単に専門のクルマの知識が豊富、というだけではない。

クルマ、好きなクルマと対峙している歓びと苦しみ、本来同好の士であるお客さんとの目に見えない「一線」。だって、同好の士は、少なくとも請求書を挟んで、出す側と貰う側とに分かれなければならなくなる。

それでもクルマはいいものだ。たとえいくらの請求書が来たとしても、それより自分のクルマが甦った嬉しさが先だ。まずは甦らせてもらえたことに感謝こそすれ、「主治医」に不服など抱くものではない。そう何度思ったことか。嬉しいことに、何人かの「好きで仕事をする」ひとたちと出逢ったおかげで、夢のように思っていたクルマを自らの手で操る、至福の時間を継続することができている。

やはり彼らはわれわれの大事な味方であり、先生であり、仲間なのだと実感する。

時間だけで換算したら、とても成り立たないような時間を掛けてでも、なんとかない部品を手当し、加工して甦らせてくれた。完成したとき、試運転に同乗してひと走りしたときの嬉しそうな顔。満足感はひょっとするとオーナーよりも「好きを仕事にする」メカニックの方が大きかったかもしれない。

やはり彼らもクルマが好きなのだ。好きだからこの仕事をしているのだ。旧いクルマは手が掛かって、とこぼしながらも、少なからぬいたわりの気持ちを加えながら直してくれる。それはスパルタンなスポーツカーを組み伏せるように操って歓びを感じているわれわれと同じではないか。

この本を企画したとき、それはそうした同好の士への、われわれのできる唯一最大の恩返しのような気持ちもあった。応援歌にしたいとも思った。

いまから25年ほども前になるだろうか。いくつかの「専門ショップ」が名乗りを上げはじめた。趣味のクルマを専門に、たとえば英国車を中心にだとか、もっと狭くミニ専門だとかを謳って、独立した。それまで「修業」していた人たちが、ようやく独り立ちでき、また趣味のクルマを愛好する人口もなんとか商売が成り立つくらいには増えた、ということだったのだろう。そこから「クルマ好きを仕事に」がはじまったのだった。

２０００年初春　　いのうえ・こーいち

もくじ

Credits;
表紙カバー制作：石川康彦
写真：p.146「t・d・f」
p.169「パラノイア」
p.191「Tタック」

上記以外著者

第1話　「ロメオ」と康平さんの40年

何故、鈴木さんが凄いか。アルファ・ロメオについていったからだ。「アルファ・ロメオ命」。口で言うのは簡単だけれど、それをここまで実践してみせたひとは、まあ鈴木さんしかいないだろう、と思う。鈴木さんは18歳で当時のアルファ・ロメオのディーラーであった「伊藤忠オート」に入る。「伊藤忠オート」はご存知伊藤忠商事系列の自動車輸入販売会社で、ちょうどジゥリア・スプリントGTが誕生した1960年代初頭に設立され、1980年代に撤退するまで、「名門ディーラー」の地位を保っていた。

振り返ってみるに1980年代は、アルファ・ロメオにとって混迷の時代であった。環境も不幸だったが、出すクルマ出すクルマ、ヒットから見離されていた。わが国では輸入車全体が勢いをなくしていた。そんな中、アルファ・ロメオの輸入を引き継いだのは「日英自動車」。その日英自動車も数年後には、オースティン・ローバー（現ローバー）の現地法人化されることになり、ローバー以外の扱い車だったルノー、アルファ・ロメオはふたたび宙に浮く。その後、コスモ石油が自動車輸入販売に乗り出す計画があり、「アルファ・ロメオ・ジャパン」設立の動きがあった。

伊藤忠の最後を看取った鈴木さんは、日英自動車に移り、そこでも残務処理をこなしてコスモ石油の社員にもなった。そう、アルファ・ロメオについていったのである。アルファ・ロメオを扱うところに鈴木康平あり。ひとり応援団のようなものであった。「ロメオが好きだったから」。いうのは簡単だけれど、生活のすべてを賭けて、それを実践するのは口では表わせないほど大変である。

「アルファ・ロメオ・ジャパン」が結局、本国アルファ・ロメオがランチアと合併された混乱などが理由で稼働する前に挫折。少しのブランクののちに、大沢商会が名乗りをあげて、「2年振りにアルファ・ロメオの輸入再開!」などと雑誌等で話題になったとき、そこにはもちろん大沢商会の社員として鈴木康平さんの名前があった。アルファ・ロメオに関しては「素人」だった新会社のキイマンのようにして、走り回っている鈴木さんをみたとき、本当に感服したのを思い出す。「よかったですねえ」だったし、われわれクルマ好きにとって鈴木さんがいてくれるディーラーはそれだけで安心という気にもなれた。なにしろ鈴木さんは「アルファ・ロメオ命」なのだ。生半可な扱い方はしない。いつも全力投球、アルファ・ロメオの味方でいてくれる。

「ガッタメラータ」はその彼がディーラーを離れ独立してつくったアルファ・ロメオの専門ショップである。アルファ・ロメオ発祥の通りの名前を付けたショップは、鈴木さんの経歴を知るわれわれにしてみれば、やっとたどり着いた安住の地、のように思えたものだ。もちろんいま流行のことばでいうと、「カリスマ・ボス」として、多くのアルフィスタから信望が篤い。

それにしても、何故ここまでアルファ・ロメオなのだろう。センセイショナルないいかたをするならば「多感の頃に見た1台のアルファ・ロメオ」が、彼をして、その後の半生を決めさせたのだという。まずは、その辺りから話はスタートしたのだった。

「ガッタメラータ」の前の鈴木さん。この写真は数年前に撮影したものだが、いまも変わらず若々しくエネルギッシュ。アルファ・ロメオと熱心なオーナーたちに囲まれて急がしそうに立ち働いている。メインテナンスと車輌、部品の販売までこなす。

*16*歳でロメオを見初める

――それは鈴木さんが16歳のときだったんですよね？　まだアルファ・ロメオなど出逢うなんて奇跡のような、というかクルマそのものが、そうだなあ今街中でオープンカーを見ると、おっ、と思うけれど、クルマ全体がそれくらいの数しかなかった１９５０年代の半ば。走っているのは煤けたようなクルマばかり。そんな中でアルファ・ロメオを見たというのも凄いけれど、その感動を持ち続けるというのは……

「ウチは親父が職人でね。万年筆をつくっていたの。エボナイトを削って。もちろんパイロットやプラチナなんてメーカーの量産品があったんだけれど、それとは別に手づくりで。今や存在しない職だよね。神田に店を出していて、結構著名人のお得意さんもいたんだよ。

その店の隣りにアルファ・ロメオがいたんだ。どうしてそこに来ていたんだかは忘れてしまったんだけれど、とにかくブルーのジゥリエッタ・スプリント。もうピカピカ輝くように綺麗で。

職人の倅がアルファ・ロメオなんか乗れるわけないよねえ。欲しいなんて気持ち、ぜんぜん湧かなかったもの。今、飛行機欲しいっていったって、そりゃお金持ちのお坊っちゃんなら自家用機ってこともあるだろうけれど、普通は考えないじゃない。そんな感じだよね。だいたいディーラーなんてまだない、正式な外車の輸入なんてされていないんだから」

――で、アルファ・ロメオに近づく一番の、というか唯一の手だて、というわけでクルマの修理工場に入る。

「アルファ・ロメオなんてまだ輸入されていないんだから（鈴木さんが見たアルファ・ロメオは、おそらく米兵が持ち

康平さんが見初めたというジゥリエッタ／ジゥリア・スプリント。確かに、美しいスタイリングと熱い性能とを兼ね備えた魅力の１台である。「アルファ・ロメオ・ミュージアム」にて。

込んだものだったのだろう)、捜したけれどロメオを扱うところなんてないわけだよ。じゃあクルマの最高峰といえばロールス・ロイス。それでロールスを扱っていた東京日通自動車工業っていう会社に入るんだ。

修理工の見習いから。もちろん、クルマなんてほとんど触らせてもらえない、最初は掃除とか下働きばっかりよ。工業高校出たてじゃそんなものですよ」

1960年代初頭のことである。東京日通自動車では、その頃ロールス・ロイスとローバーとシュコダを扱っていた。まだ自由にクルマの輸入はできない時代であった。

——その後1960年代になって、正式な自動車輸入がはじまる。そしてアルファ・ロメオを扱う「伊藤忠オート」ができるんだよね。それで鈴木さんは早速「伊藤忠オート」に入る……

「昭和37(1962)年の創立かな、でも最初の年は輸入できていないんだ。翌年から輸入が自由になって本格的な営業が始まった」

——最初の「伊藤忠オート」ってどんな規模だったの?

「ええとね、1、2、3……そう6人だよ。メカニックが小僧っ子の俺だろ、班長クラスの先輩がひとり、組長って呼ばれた主任がひとり、あと事務がひとり、営業業務がふたり……。国産車を扱う『伊藤忠自動車』というのが母体にあって、いってみればこの『外車部』みたいなものだった」

――ふーん。小僧っ子とはいえ、鈴木さんは「伊藤忠オート」の第1期生というわけだ。でもいくらロメオが好きだからといって、そんなにすんなり入れたわけじゃないでしょう?

「いや、タイミングが良かったんだ。働いていた会社が、実は規模を縮小しようとしていたんだ。ちょうどそんなときに『伊藤忠オート』ができるっていうんで、会社にも勧誘の話があったんだね。もう、渡りに船ってわけで。簡単な面接だけで入っちゃった」

――鈴木さんにとっても……

「もちろん、渡りに船、ですよ(笑)。結局ロールスには1年ほど触っただけだった」

――「伊藤忠オート」の時代はジュリア・シリーズにはじまって、1750、2000と順調に発展していって、それが生産中止になるとともにアルファ・ロメオにとって不幸な時代に……

「そうだね。それはロメオに限った話じゃないけれど、排出ガスや安全対策で大変な時代。そういうものへの対応は国産車なんかの方が早くてきめ細かくて。とくにスポーティさが売りもののクルマは辛かったよなあ。

でも、アバルトもなくなったろ。いくつかのブランドがなくなってしまった中、アルファ・ロメオは生き残ったんだぜ」

——フェラーリもランチアもフィアット傘下になってしまった。そういう時、鈴木さんはアルファ・ロメオももはやこれまで、なんて思いはしなかった？

「全然。これだけの歴史を持って、これほどいいクルマをつくっているブランドが、消滅するなんて考えられないよ。クルマ全体がなくなるっていうくらいな感じだよ、ロメオがなくなるってことは」

申し訳ない質問だったかな、と少し後悔した。ほかの100人が反対したとしても鈴木さんだけはアルファ・ロメオの味方、というようなひとなのだ。冷静な評論家とはわけが違う。確かに、アルファ・ロメオにとって不幸な時代であったことは事実のようだ。アルファ・ロメオが命がけで守っている走りのテイストだとかスポーティさだとか、そういう部分を直撃するような規制が加えられ、そうしたことが不得意だったこともあって、対応しきれなかった。そんな感じであった。規制への対応がうまかった、といってスポーティカーもラグジュアリーカーも同じエンジンが載せられて、かたちだけのスポーツ風が当たり前になってしまった国産車と較べると、ずっと「まし」ではなかったか。そのときもっとたくさんのひとがアルファ・ロメオの味方をしておりば、もう少し早く、個性的なクルマが復活できたのではないか、といま思い返して、ひとりだけ味方だった鈴木さんの生き方に共鳴を覚えたりするのだった。

アルファ・ロメオはそのときはなんとか生き延び、それから10年が経ってから、アルファ・ランチア社になってしまうのだが、ディーラーの方が先に撤退してしまう。「伊藤忠オート」が会社を畳んでしまうのだ。「当時の考え方としては、商事会社のやるディーラーが潰れるわけはない。そう思っていたもの。だから逆に実感もないような感じだった」と鈴木さんにいわしむるような出来事、もちろんわれわれにしても、本当にこののち輸入車はどうなってしまうのだろうと不安な、先の見えない時期であった。

アルファ・ロメオの佳き時代の代表作。上はジゥリア・スプリントＧＴの流れを組む1300ジュニア。下は鈴木さんが初めてのアルファ・ロメオとして手に入れたというジゥリアＴＩ。1300ジュニアは一時鈴木さんの所有車だったもの。ジゥリアＴＩは「ガッタメラータ」の販売用車輌だ。

――ところで、アルファ・ロメオに憧れてメカニックになった鈴木さんが、実際にアルファ・ロメオを自分のものにできたのはいつだったんだろう。

「最初はとにかく、自分のものになるなんて思えなかったけれど、やはり毎日そばで仕事していると身近なものになってくるんだね。実際に見れば見るほどメカも違う、クウォリティも違う。そのうち、自分のものにしたい、そのために働いていた、という感じにもなったもの」

――じゃ、夢は思ったよりも早く……？

「ああ、う～ん、でも実際に持てるまでには10年掛かった。最初はジゥリアのＴＩ。やっぱりそれが一番安かったからだよ、下取り車を分けて貰うにしても」

――そうか、一気にジゥリエッタ・ボディのスプリントというわけにはいかなかったんだ。実際、自分のものになったアルファ・ロメオはどうでしたか。

「そうだね、ひと口でいってしまえば信頼性が違う、ってそんな感じだったなあ。当時、１９６０年代の国産車などとかと較べたら、品質とか工作とか。分かり易い話したら、スペックだよ。１９６０年代の頭ごろなんて、下手するとサイドヴァルヴの時代だよ。そんなときにダブルカム。それに4輪ディスク・ブレーキ。そんなスペックを4ドア・ベルリーナが持っているんだよ。普通じゃない。

もちろんそれは自分が触るようになってすぐに分かっていたことだけれど、所有して自由に走らせてみて、いっそう実感したというか。

いま道端でエンコしているクルマなんてないけれどさ、国産車がいっぱい故障して停まっていたり、箱根を越えるのにオーヴァヒートで越えられないとかさ、そういう時代だぜ。品質にしても、スペックにしても、まあ段違いだったですよ、ロメオは。実際にいま走らせたって、ジゥリアTIなんて一級の走りができる。それが、30年以上前の未熟な国産車の中にあったんだから、それはもう段違い」

――その時代のアルファ・ロメオのオーナーってどういうひとだったんだろう?

「そうねえ、やはりお金持ちだったことは間違いないけれど、だからといって単にお金がある、というだけではない。ひと口でいってしまえば、熱心なクルマ好きの方だろうな、初期のオーナーは。

富成譲さん、大学の教授をされていた方が第1号車のオーナーになったんだけれど、もう先生の方でアルファ・ロメオに大きな興味を持っておられてね、輸入開始を待ちかねて注文をいただいた、そんな感じでしたよ。工学博士だから、やはりメカニズム的に感じるものがあったんだろうね。その後、先生には何台も買っていただいた。そのうちの1台、2600SZはいまウチにあるんだけれどね」

——2600SZについてはあとで伺うとして、その頃の輸入車のオーナー紳士録って、やはりそうそうたるものだったんでしょうねえ。

「いまだと、横文字職業の人なんて、くくれるんだろうけれど、当時はそういうのはなかったからな。とにかくクルマの好きな人よ。そういう人が、お客さんの方から、ロメオを指名してきて下さる。レースの情報なんてほとんど入らない時代なのに、SZだのTZだのを知っていて、名指ししてくるんだから、やはり凄い。けた外れに好きな人のクルマだったんだろうね。

1960年代も後半になると、車種も増えてきて一気にオーナーの層もいろいろになっていった……

悪い取り方をすると、現金でその場で買っていっちゃうような人が多かったね。でも、いまのメルセデス乗りみたいのとは違うよ」

——アルファ・ロメオが好きで「伊藤忠オート」に入ってくる、「好きを仕事に」した鈴木さんの後輩というようなセールスの方もいて、急にアルファ・ロメオが広まった感じがありましたよね。

「そう、いのうえさんたちが好きな人のための本を出すようになったこともプラスになってね（笑）。ジゥリア・スプリントGTからはじまるジゥリア・シリーズ、それが1750、2000になっていって、スパイダーも4ドアも、ってラインアップが揃っていた時期は、ひとつの頂点といってもよかった」

――その頃の「伊藤忠オート」は、どれくらいの規模だったの？

「『伊藤忠オート』は最盛期120人……」

――ええーっ、そんなに大きかったの。

「だって東京、名古屋、大阪、北海道、千葉……、いっぱい支店があったもの。それぞれに営業、メカニック……、やはりそれくらいの規模にはなるよ。最初6人だったことからすると、凄い発展だよね。そう、その第1期から入っているという意味では俺っきゃいないことになる」

波乱の10年、どこまでも「ロメオ」についていく

――さて、そんな「伊藤忠オート」が自動車の輸入販売から撤退する。もうアルファ・ロメオはわが国でももっとも人気のあるブランドのひとつになっていたから、われわれにしても意外だったし、ショックなことだったんだけれど、中にいた鈴木さんにとっては、どうだったんだろう。

「そう、すっかりアルファ・ロメオ人気は定着していたし、さっきもいったように、伊藤忠なんて大商社がやるディーラーだったから、撤退なんてことは本当に考えていなかった」

――やはり、その当時のアルファ・ロメオのクルマはもう希望が持てなかった?

「確かに、人気だった105（ジゥリア・シリーズの総称。ティーポ105→115という形式だったことからこう呼ばれる）がなくなって、アルフェッタ、アルファスッドの時代になっていた。人気車が生産中止になった反動もあった。それに排出ガス対策にも、後れをとったよね。エアポンプ付けたり、触媒付けたり。それも仕方なく付け焼

き刃のように一般車にも使う既存のパーツを。だから味はすっかり悪くなる、一番大事にしなければならない味が、だぜ」

――ちょっとヒステリックなほど、排出ガスだ、燃費だ、と騒いでいた時代があった。いま、思い返すと妙な時代だった…… それも日本と北米がとりわけ厳しかった。そこに、スポーツカー・テイストのクルマが生きにくいのはよく分かる。

それにあの頃、アルファ・ロメオはよく壊れる、よく錆びるなんて話題もあったからなあ。

「とにかくロメオなんて、ぎりぎりのバランスの産物だろ。それにあとから排出ガスの装備を無理矢理つけるんだから、どこかにしわ寄せは来る。

それに、ロメオのオーナーは、クルマを半分好きで持っているわけだからさ、エンコしたりするのをむしろ楽しんじゃっているみたいなところがあって。どこそこで壊れて往生した、なんてことを嬉しく話しちゃう訳ですよ。そういうのを真に受けて、評判にしちゃう。だから妙に壊れるみたいに思われているけれど、それほどでもないんだよ。そういうのは楽しんで吹聴する人が多いからだよ、きっと。そう思っているんだけれどな、俺は（笑）」

――でも、「伊藤忠オート」は1982年で撤退する。具体的にその後のアルファ・ロメオはどうなったんですか。

「一応、整理会社ができた。『藤栄オート』という会社、そう、いまも『藤栄オートパーツ』として、パーツ供給の仕事をしている会社ですよ。パーツ会社になったというのも、ロメオのディーラー権が日英自動車に移ったから。

それでいいタイミングで俺もディーラー権と一緒に移れたんだ。『伊藤忠オート』が終わる時点で、専門ショップを開いたOBもいましたよ。そのうちの何人かはいまもつづけているかな」

――そのとき鈴木さんも独立しようなんてことは考えなかった？

「なにより、ロメオはこんなもので終わるとは思えなかったもの。本国でもだし、日本でもちゃんと復活すると思っていたから、ディーラーがあるんなら、そこで仕事したい、と」

――なるほど。どこまでもロメオについていく、鈴木さんらしいところだなあ。ところで、日英自動車といえば英国車がメインだったディーラーですけれど、そこでの棲み心地は？

「……うーん、日英はやっぱり老舗だなあ、って感じたね。尊敬に値する人、いっぱいいたもの。ヴェテランの職人さんもいたし。彼らの仕事は的確で速かったね。資材部ってあってさ、そこでは再生しているのよ、手に入らないパーツなどを、いわゆるリビルト品。ヴェテランの経験と腕が凄いわけですよ、そういう部署では。部下についた人も優秀で。よく教育されている、やはり老舗の力だなあ、と。これは意外だったね。俺らも『伊藤忠オート』はいい会社だと思っていたし、中ではみんな競って腕も磨いていたつもりだった。でも、それは日英にでてみてもっと優秀なところもある、そんな感じだったね」

——でもその日英自動車も4年ほどで、アルファ・ロメオ輸入販売から撤退せざるを得なくなる。オースティン・ローバーに買収されて、その日本法人になったから。日英の終わりは？

「ものの終わる時ってやはり似た感じがあるのかなあ。ただ日英がARJになったときは、従業員ごとの買収だったからね。オースティン・ローバーの日本法人じゃアルファ・ロメオをやっているわけにもいかないものね（笑）」

——つぎの「アルファ・ロメオ・ジャパン」まで少し時間がありますが……

「オースティン・ローバーからロメオ・ジャパンには3年あった。それは日英時代に販売したクルマの保証期間、メインテナンスとかの要があったから。だからオースティン・ローバーのなかで、ロメオだけじゃなくかつて輸入販売していたルノー、プジョーをみていた。メンバーは3人ほどだったかな。もう俺は上にいたから実際にロメオやルノーをいじることは少なかったけれどね。

結局、そこからまたひとりで出ていくことになる」

――別に鈴木さんの履歴書をつくろうっていうわけじゃないけれど、日英自動車から「アルファ・ロメオ・ジャパン」に移る。この「アルファ・ロメオ・ジャパン」は後々のそれとは違う、コスモ石油が興した会社で、知っているひとも少ない。というのも、実際にアルファ・ロメオ輸入販売の実績を残す前に撤退してしまう。

「そう、1年間準備して」

――結局、見込みがないと判断されて?

「違うよ、それは本国のロメオがなくなったから」

――あー、そうだったんですよね。

「石油会社の中の人たちは、それまで付き合ってきたひととはまた違ったひとたちでね、しっかりしたビジネスマンという意味で。コスモの時は凄い計画があってさ。もう話してもいいと思うけれど、それはコスモのガススタンドで応急メインテナンスまでやろうなんて、ネットワークを構築したい、と。そういう意欲ではじめていたんだから、簡単に撤退はしないはずだった」

――それは凄い計画だ。コスモも変わっていただろうね。ガススタンドが輸入車全部みられますなんてことになったらさ。そのとき、実はコスモのひとと話したことがあるんだけれど、アルファ・ロメオが好きで頑張っている若い社員のひとがいて、面白くなるぞ、って思っていたんだけれど。

で、コスモのあとが大沢商会。まだまだ先が長いなあ（笑）。大沢商会によって、1988年からいよいよアルファ・ロメオの輸入販売が再開される。鈴木さんもホッとしたでしょう？

「もちろん嬉しかったんだけれど、本当をいうとクルマ屋さんにつづけてもらいたいなあ、という感じがあった。ちょっとやり難かった。すでに大沢商会ってできあがった会社、セゾン・グループの一員ということもあったからさ。コスモのようにゼロからつくるインパクトはなかった」

1980年代後半になってふたたびアルファ・ロメオの輸入が再開されたときは、このアルファ75とスパイダーというラインアップであった。爆発的にではなかったが、アルファ・ロメオの人気は徐々に回復していく、その原動力になったのだった。

――でも、よかったよかった、と。われわれは鈴木さんのことを一番最初に考えたんですよ、よかったなあ、って。

「それはそれは(笑)。大沢ではまずアルファ75とスパイダー。1年遅れてアルファ164が加わるんだ。爆発的に、とはいかなかったけれど、ロメオの新車がようやくまた数を増やしはじめることになった」

大沢商会時代には忘れられないイヴェントがあった。2回にわたって行なわれた「アルファ・フェスタ」。それはまさに「鈴木人脈」のショウのようだった。小生も徳大寺有恒さん、高島鎮雄さん、松任谷正隆さんとともにトークをさせていただいたり、写真展をさせていただいたりしたが、それも鈴木さんの引き立てがあったからにちがいない。

1回目は、アルファ・ロメオの数々が展示された。2回目は、カロッツェリアをテーマに、ピニンファリーナ作品ということで、フェラーリ308GTB、ディーノ246GTSをはじめとして、オースティン1100やプジョー504、ランチア・モンテカルロ、さらにはホンダ・シティ・カブリオレまでが集められた。アルファ・ロメオの顧客だけでなく、仲間の専門ショップ、友人知人、鈴木さんのクルマ好きの人脈の広さと確かさを知らしめたようなものだった。そのイヴェントをほとんど仕切ったのはほかならぬ鈴木さんだったのだから。

さて話はまだまだつづく。鈴木さんが独立するにもまだ至っていない。大沢商会がようやく軌道に乗った頃、アルファ・ランチア社の日本法人として1990年「アルファ・ロメオ・ジャパン」が設立されるのだ。先にその後のことを書いてしまうと、アルファ・ロメオ復活に貢献した大沢商会は、一販売店グループになってしまい、結局は1999年、自動車販売から撤退することになる。「アルファ・ロメオ・ジャパン」は現在「フィアット・オート・ジャパン」として、アルファ・ロメオ、フィアット各車を輸入販売しているのはご存知の通り。

鈴木さんは、大沢商会が「アルファ・ロメオ・ジャパン」になって間もなくの1991年にいよいよ「ガッタメラータ」を旗揚げする。そのときのことを訊く前に、紹介したい文章がある。前出、松任谷正隆さんの一文、である。

音楽家で「カーグラTV」のホストにして、大のクルマ好きの松任谷さんだが、彼を小生に引き合わせてくれたのも、そうだ、鈴木さんであった。松任谷さんは、ちょうど「伊藤忠オート」が撤退する直前にアルファスッドti1・5を購入したことで鈴木さんと

大沢商会で開催された「アルファ・フェスタ」と、下は松任谷正隆さんと愛車、アルファスッドti1.5。鈴木人脈は、幅広く奥も深い。「アルファ・フェスタ」では人脈を総動員して貴重なアルファ・ロメオが展示され、多くのアルフィスタで賑わった。

知り合った。その件りをはじめ、面白く書かれた一文は鈴木さん独立への応援メッセージ、「鈴木さんに送るはなむけ」（と、小生は解釈したのだが）のような気がしたものだ。

それは「CG　TV通信」という連載の中、CG誌（二玄社）1992年6月号に書かれた「スズキさん、というひとの話」。ちょっと引用させていただこう。

〈アルファ・ロメオのスズキさん、僕が彼と知り合ったのは10年ほど前のこと。彼がまだ伊藤忠の社員だった頃である。考えてみれば変な出会いであった。というのも、あれは意を決してスッドを買いに、目黒の伊藤忠に行ったときのこと。

（中略）ベンツで乗り付けた僕を、うさん臭そうに見ていた目つきの悪いオヤジがこのスズキさんであった。〉

いくつかの曰く話とともに、松任谷さんとスズキさんの間は1台のアルファスッドti1・5を通して、接近していく。そのあたりは原文を読んでいただくとして、「僕にはロメオっきゃない」というスズキさんが独立した場面をこう紹介している。

〈ただひたすらロメオに近づきたいと願っていた彼が、どれほどまでにアルファ・ロメオ・ジャパンを待ちこがれていたか、想像に難くはない。そして、やっぱりというか、スズキさんは大沢商会での役職をかなぐり捨てて、夢に飛び込んだのであった。

スズキさんはあそこをやめたらしい……という話を風の便りで聞いたときはちょっとショックだった。一体なにがあったんだろう。そして、アルファ、いやロメオなしで彼は生きていけるんだろうか。傷心のままミラノに永住することになった、なんて説も流れたし、癌で死んだ、なんて説も流れた。

だから久しぶりに、本当に何年かぶりに元気そうな声で電話がかかってきた時にははっきりいってホッとした。

なんでもまた、一からやり直すそうで、品川の方でガレージをやるんだという。「ほう、それはひょっとしたら一番合っているんじゃないですか」と言ったら、やっぱり「いやあ、僕にはロメオっきゃないから」としゃがれた声で笑った。（中略）レストア中だというGTジュニアや、旧いスパイダー、それにミラノから取り寄せたパーツの山に囲まれて嬉々として仕事をしている。それを見るにつけ、なんか、これで良かったんじゃないかと思う。僕にはまかり間違っても、こんな奔放な人生は送れないけれど、こういうひとがいるからクルマの世界も面白いんだなあとつくづく思う〉

ドラマの終着が「ガッタメラータ」

松任谷さんの一文で心温めさせられたのは小生ひとりではなかったと思うが、鈴木さんが「アルファ・ロメオ・ジャパン」を辞めた、と訊いたときは、小生もまたかなりのショックであった。アルファ・ロメオ一筋、松任谷さん流にいうと「ロメオっきゃない」鈴木さんにとって、アルファ本社の直系である「アルファ・ロメオ・ジャパン」は究極の会社であるはずだ。いったいなにがあったのだろうか。

——あれほどアルファ・ロメオ、それも正規ディーラーに拘っていた鈴木さんが、辞めるというんだから。

「………」

——アルファ・ロメオ・ジャパンになって、イタリア人の社長がきたりして、江戸っ子の鈴木さんはやり辛くて、ガマンできなくなったのかと思った。

「それは違うよ。正直、体が持たなくなったんだね。家から会社まで片道2時間以上かけて通って、それがちょっと体力的に苦痛になって」

――鈴木さんのずっとロメオについていった迫力からすれば、拍子抜けするような理由だけれど…… 新しい会社になるたびに近くに引っ越すとか。

「現実的にそうはいかないよ。引っ越すのだってできなかったんだもの」

――やはり会社を転々と変わったことは、賃金的にリスクが大きかった？

「まあないとはいえないねえ。もちろん、移ったから給料が下がるということはなかったけれど、やはり退職金だとか、ボーナスだとかは不利になっちゃう。単純にいえば、賃金を取るか仕事を取るか、というようなことはつねにあったと思うよ。でも天秤にかけたら金じゃないということしか残らなかったんだねえ」

――だからロメオに残っている。

「うん」

――そうかあ、やはり鈴木さんの「ロメオ一途」は、並大抵のものではなかったんだなあ。だから「カリスマ」なんだ（笑）。

「さっき松任谷さんの文章の話をしたけれど、あれは最初に『ガッタメラータ』を品川でオープンしたとき。それが１９９１年12月で、１９９３年にここ、狭山に越してきた。お客さんには遠いなあっていわれることが多いけれど、俺は家が近くて、もうずっとここにいて好きに仕事ができる（笑）」

――すっかり「かせ」が外れて、鈴木さんは好きなことを好きにできているみたいでいいなあ。レストア待ちのF12なんていうのもあるし、少し鈴木さんの「好き」なロメオについて訊きたい。鈴木さんにとって一番のロメオは？　そうだよ個人の好みで。そうでなきゃ、鈴木さんがいいというだけで、値が上がっちゃうからね（笑）。

「……うーん、ひとつといわれれば、ジゥリア・スプリントだな」

――ああ、ジゥリアの代表的な……

「違う、違う。スプリントGTじゃないよ。ジゥリエッタ・ボディの1600の」

――そうかそうか、はじめてみたブルーのボディの、ね。

「そーですよ。あれが一番残っている、やっぱり。それと最近SZが欲しくなっていてね」

――ジゥリエッタの？

「ううん、ES30」

――ええっ、ホントに？

「これ、デビュウするまでに16年掛かっているんだよ。むかし、イタリアに行ったときプロトタイプを見せて貰ったことがある。とんでもなく未来的というか、新鮮な印象だったね。それがいろいろあって、ようやく世に出された。そういう感慨があるんだよ。それで、ES30というと大沢商会時代を思い出すんだ。あのとき新車で輸入販売されることになるんだけれど、日本の割り当ては50台だった。そんなときイタリア人の社長が俺にいってくれたんだよ。よし51台にしてやろう。最後の1台はスズキの、って。もちろんくれるわけじゃないけれどね、でもこれは後生に残るロメオになるから、1台持っておくべきだ、と」

——嬉しかったでしょ？

「おお、長いことロメオやっていてよかったなあ、って。でも、結局実現しなかったんだけれど。そんなこともあるから、手元に残しておきたいと思うようになったんだ」

——ES30はバブルと重なって、バブルの落とし子みたいな印象がある。クルマ自体はとてもシュアでいいクルマだけれど。

「あの頃1500万円なんて平気でいっていたものなあ。いまでは落ち着いているから、そのうち手に入れられるんじゃないかと思っているんだけれどね」

新アルファＳＺことＥＳ30が発表されたのは1989年のジュネーヴ・ショウであった。個性的ではあるが、かつての「ジゥリエッタＳＺ」が好きな層には不人気であった。カロッツェリア・ザガートがつくるボディもアルミならぬＦＲＰ製だが、走りは一級のテイストを持っている。

——旧いジゥリア・スーパー欲しい、ES30を下取りで、なんて「ガッタメラータ」に買いにくるお客さんも、ないとばかりは限らないからね（笑）。

そう、アルファ・ロメオのオーナーもずいぶん変わってきたからなあ。鈴木さんから見て、最近のアルフィスタというのは？

「このところ、サラリーマンがリストラされて、なんていうのが影響しているね。フェラーリ買おうなんていう金持ちにはリストラなんて関係ないかもしれないけれど、いま不幸な目にあっているひとたち、そういう層のクルマ好きのアイドルだからね、ロメオは。

それとは別に、60歳代になって、昔から欲しかったロメオに乗るのはいま、っていうひとも少なくないよ。金を残しても仕方ないって、ようやく分かってきたんだ」

——そうはいいつつもアルファ・ロメオ入門のお客さんも増えていませんか？

「うん、全体的にはグッと増えているんじゃない。ここのところアルファ156がめっちゃ売れてるでしょ。いまのクルマが売れているってことは、若い人も増えるってことだよね。きっとこれから変わるよ。

うちに初めてロメオに乗りたいんだけれど、ってお客さんがきたときは、まず乗せてあげるの。やはりロメオのような趣味性が売りもののクルマは乗せてみせるのが一番。旧いモデルでも絶対乗せてあげるんだ。最近のお客さんは、そういう面白いものを嗅ぎ分けるのは鋭いからね。

乗ってくれなきゃ、持ってくれなきゃロメオは分からない。

でも、ロメオは健全だと思うよ。フィアットの方が量産パーツはつくるのうまいのかなあ、と思うけれど、ロメオはロメオさ。性格そのものがロメオ的だよ。いい加減なところもあるけれど、基本がちゃんとしっかりしているものな（笑）。俺と一緒だよ。は、は、は」

――最後に、「ガッタメラータ」の今後を訊いておきたい。鈴木さんは後継者のことなんか考えています？

「これはね、真剣に考えている。会社つくったときにね、会社ってお前の人格とは別に永遠に継承されるものだよ、ってあるひとにいわれたんだ。

俺んとこ子供できなかったからなあ。いや、欲しかったよ。でもこうのとりが運んできてくれなかったんだよ。

『ガッタメラータ』をつくった当初は、後継者なんてことは全然考えも及ばなかった

新しいアルファ156について語る鈴木さん。いいクルマだよ。このクルマのヒットのお陰で、若いアルフィスタが増えているのは、今後の楽しみになるだろう、と。下は、「これもレストアしてやりたいんだけどね」とアルファ・ロメオのジゥリエッタ・スパイダーを見せてくれる図。

んだけれど、ここで、若いロメオ・オーナーがどんどん増えていくのをみていると、この先もずっと面倒みなくちゃあ、と思うようになって。いまうちで働いているひとり、自分から門戸を叩いてきてくれたのがいるから、ヤツなんかに期待しているんだけれど。

個人的には、手をかけなければならないロメオがいっぱいあってさ、楽しみは当分なくなりそうもない。前に話した、富成先生の2600SZも、実は譲り受けて、ウチの宝物になっている。これもレストレーションしてやりたいし、そうそう、ギャラリー・アバルト美術館から来たF12も復活させてやらなきゃならないし……」

「ロメオ一筋40年」……16歳の時に見初めて以来、アルファ・ロメオについていった鈴木さんのドラマティックな半生を訊いて、こうして現在に至った。しかしもう二度とこういうドラマは起きないはずだ。「ガッタメラータ」は永住の地、鈴木さん自身のショップなのだから。好きなアルファ・ロメオ、ファミリーのように集まる「ガッタメラータ」の常連のお客さん、そして将来を嘱望される後輩にも恵まれて、楽しい日々を過ごしている。

アルファ・ロメオが鈴木さんについてくるようになった、ということなのだろう。

「ガッタメラータ」の宝物になっているアルファ・ロメオ2600ＳＺ。新車で購入したオーナーから譲り受けたもの。いずれレストレーションする、というが、時を経た枯れた現在の状態も素敵。下は、同じように鈴木さんが見込まれて「ギャラリー・アバルト」からやってきたＤＯＨＣ搭載のバス、Ｆ12。

鈴木康平（すずき・こうへい）さん
1942年、東京神田生まれ

Gattamelata

代表取締役
鈴木 康平

有限会社ガッタメラータ
入間市大字二本木1173 TEL0429(34)7530 FAX0429(34)7526 〒358

第２話　「変わらないもの」をいつまでも

「モーガン・オート・タカノ」。いうまでもない、英国の「ザ・リアル・スポーツカー」、モーガンのわが国におけるディーラーである。そのむかし、そう、いまから25年ほど前のことだが、輸入車年鑑のようなものを見ると、「ヤナセ」だの「コーンズ&カンパニー」だの「帝人ボルボ」だの、そうそうたる名前が並ぶ中に、「高野利夫」という名前があるのが不思議でならなかった。きっとこの「高野」さんというひとは凄いお大尽かなにかで、ほとんど道楽のようにして、英国の伝統的スポーツカーを輸入販売しているのではないか。そう思い込んでいた時期もあったほど。

「は、は、は。それは最初の5年間は個人で営業していたからですよ。お大尽どころか、はじめたばかりで会社にするまでの余裕もなかった。早くから組合(JAIA)には入れてもらえたんですが、ちょうど5年間は個人の資格で、輸入販売していたんです。それに、変わったヤツがひとりくらいいてもいいんじゃないか、という気持ちもちょっとはありましたけれどね(笑)。モーガンみたいな特別なクルマを扱うんですから」

高野さんがモーガンの輸入代理権を手にし、販売を開始したのは30年以上も前、1968年のことである。その前後の興味深い話はあとで伺うとして、とにかく、それからずっとモーガンをわが国にもたらす役をひと筋につづけている。

だいたい、モーガンというブランド自体が普通の価値観では語れない、特別のクルマであることは、いまでは広く知れ渡っている。「生きた化石」という形容で呼ばれる、時代離れした、英国ならではの伝統的なつくり方を守っているクルマだ。「変わらないもの」の代表のような生き方に共鳴して、モーガンを手にしているひとも少なくない、と訊く。

いまでも、注文を受けてから手づくりする方式を守り、新車で手に入るクラシックを標榜して、木骨ボディのスポーツカーを提供し

東京は環状8号線と第二京浜国道の交差したたもとにモーガンのショウルーム兼工場がある。たいてい午後は高野さんがいらして、訪れるモギーたちの相手をして下さる。

でき立てのクラシック、モーガンの1999モデルが並ぶショウルーム。そのモーガンを見ながら、高野さんはこの道30年の話を訊かせて下さる。「変わらないクルマ」を長きにわたって供給しつづける、高野さん自身もどこか英国人のような雰囲気を感じさせる方であった。

ている。こんなメーカーはやはり世界中を捜しても、モーガンだけである。なにかそこだけ時間が停まったような悠久の時の流れ、いかにも英国的といった雰囲気の中で息づいているブランドだ。

そんなモーガンだから、ことさら凄いことと感じないでいるのかもしれないが、まさに英国的な付き合いを保ち、30年この方をひと筋でやってこられたのは「やはり、好きなんでしょうなあ」と高野さんにしていわしむることなのである。「好きを仕事に」モーガンを輸入販売し、モーガン社とも、オーナーとも強い絆で結ばれる高野さんには、やはりモーガンそのものと共通する、英国的な生き方を感じてしまう。

いかにしてモーガンに巡り会い、それを後半生の仕事と決めたのか。果たしてほとんどひとりで切り盛りしてきて、30年という年月を継続できるものか。「好き」とはそこまでに力のあるものなのか。

東京は環状8号線と第二京浜国道の立体交差する袂。12年前にオープンしたショウルームに高野さんをお訪ねして、「先輩の話」を訊かせてもらった。

モーガンは、そういうクルマ

――高野さんがモーガンを輸入しはじめてから30年という年月が経つわけですね。モーガンというクルマはそれこそ「生きた化石」で変わらないことがいいことのようにつくられつづけているわけですけれど、30年前のモーガン、その輸入をはじめた当初はどんな状況だったんでしょうか。

「輸入販売の権利を取得したのは1968年のことです。さあ、一刻も早く営業をはじめたい。早速サンプルを、と思ってモーガン社に頼んだのですが、すぐにデリヴァリイできるクルマなんてない、という返事。そうですよ、その頃からモーガンは何年か待ちのオーダー生産ですものね。

仕方なく1年間は、クルマなしで営業していましたよ。それでも1970年モデルのオーダーを取りましたからねえ（笑）」

――さすが、ですね。でも、それは高野さんが凄かった？　それともモーガンの人気が凄かったということ？

「確かにクルマの好きな方が、モーガンを名指しするように買って下さいましたね。ウチは注文時に前払い金を頂戴するので、やはり信用が大事なんです。それは、なんといってても結局は個人のつながり、その信用になるんです。だから、まあ、モーガンみたいなクルマは、わたし個人が信用していただければ。むかし、セールスマンは『自分を売れ』ってよくいわれましたけれど、まったくそれを地でいっていたようなものですよ」

——要するにモーガンの人気もあったけれど、高野さんの話術、人柄が、最初の一歩を成功させた（笑）、と。それは30年後のいまも変わらない。

「クルマがなかったのはある面幸いだったかもしれません。はじめたときは資金が潤沢にあったわけじゃないですから。まあ、お金がなければ使わなければいい（笑）。それを実践しましたが、とにかく宣伝だけはしておかないと、モーガンの名前が定着できない。広告費だけは初年度から奮発しましたよ」

——それで、「モーガン・オート・タカノ」輸入第1号車が実際にやってくるのは？

「1970年モデルからクルマがきました。もうあとは流れ通りで。初期のオーナーの方は、クルマの好きな方というのは先ほどいいましたけれど、年齢的にいうとヴェテランの方と若い方の両極端だったんです。若いときに働いて、もうそろそろ自分への褒美みたいに乗るひと。若いひとは驚くなかれ初めての外車がモーガンなんてこともありますね。

　この両極という傾向は、なんといまでも変わらないんですよ。

　多くの方のモーガン像というのは、英国の伝統を守ったリアル・スポーツカー、変わったクルマ、クラシックの典型、そんな感じですね。そのイメージはいまでもつづいています。そういう意味でも、『今も昔も変わらない』という印象は強いですね。

　でもここ10年ほどを境にして、メカに興味のあるオーナーは少なくなりましたね。もうオイルも交換でき

モーガンはいまでももっとも強く英国の香りを残す「リアル・スポーツカー」。単にクルマを走らせる以上のものをオーナーに与えてくれる。小物にも気を使って、雰囲気まで愉しんでしまえる。

ない、せいぜいサイドウィンドウを立てて幌を張るくらい」

——ええーっ、モーガンでも？

「そうです。ところがうまくしたもので、モーガンの方も新しいモデルはそう手が掛からないようになってきまして。1年点検の時に私どもがしっかり見て差し上げれば、それで全然問題なくなっているんです。ええ、もうグリスアップもそんなペースで大丈夫ですよ。ついでにいっておきますと、1970年代はオーヴァヒートなど、もう構造的に可哀想だったけれど、そういうのもぜんぜん解決。

まあ進化しないのが取り柄みたいにいわれますけれど、見えないところではモーガンも随分進化はしているんですよ」

——ううーむ……

「オーナーの方にゆっくり直してよ、なんてクルマをお預かりするんです。まあ、そのことばを真に受けていると、途端に催促ですよ（笑）。

つまり、そうはいいながらも車庫にないと寂しいみたいで。まあモーガンというのはそんなクルマ、道具じゃない典型、ということじゃないんでしょうかね。そういう存在感があるクルマなんですね」

トライアンフからモーガンへ

——高野さんがモーガンを見初められたのはいつ頃なんですか?

「いや、実は、わたしは自動車の世界に入ったのが結構遅かったんですよ。ちょっとその頃の話からしますとね、だいたい日本で自動車の輸入が自由にできるようになったのは1960年代からなんです。その前、1959年に第1回の入札が行なわれた時分は、オーヴァシーズ・ニューカー・サプライヤーという日本在住の米軍人のための自動車販売をしていたんです。米国人が経営する会社でね、そこで営業、整備の真似事、雑用までなんでもしていました。

その頃はおもにトライアンフを担当していまして、TR4がでたばかりで、人気があって100台以上売りましたよ。スマートなボディ・スタイリングが人気だったですね。そう、それとは別にルノー・カラヴェルもあったな。

1960年代になってユナイテッド・ジャパン・モーターという会社が、東京菱和という三菱系の会社の子会社としてつくられまして、そこがトライアンフを扱うようになります。それまでトライアンフの経験があるということで、わたしはそこに引き抜かれていったんです」

――輸入自由化でディーラーが一斉にできた時期ですね。すでに輸入車販売のキャリアを持っていた高野さんは、当時数少ない実戦の「プロ」だった。

「そこは社員50人くらい。当初年間200台のトラを売りましたよ。ええ、輸入車がもてはやされた最初ですから。でもすぐに売れなくなって、結局この会社は1964年に畳みます。わたしはその前に『山陽モータース』という別のディーラーに引き抜かれて移っていた。営業部長として。ええ、そこもトライアンフを引き継いで販売していまして」

――われわれの世代だと、トライアンフは「阿部モータース」でした。

「そうですね、部品販売をしていた『阿部商会』にディーラー権を売って、『阿部モータース』が設立されたんです。わたしはその時も『トラ』にくっついて阿部に移るんです。

そう、その頃はまだ輸入するところと販売するところとは別でして、エージェントは、セールチュリニという会社でした。そこから卸のようにして買っていました。

ある日、そのセールチュリニに出向いたときに、偶然モーガンのカタログを見付けるんですよ。あっ、まだつくっているんだ、とそんな感じでね。実は、モーガンを知らないわけじゃなかったけれど、疾うになくなっているとばかり思っていた。1963、4年だったかな。それが出会いですよ。

それより前、米兵に売られたモーガンでしょうなあ、そんなのをミッキー・カーティスさんやボブ・ハザウェイさんが乗っているのは知っていたのに、まだつくっているとは思わなかった。それで勉強し直して、いまもつくっていて、結構米国では人気があって、待たせながらオーダーメイドのようにして売っていると知ったわけですよ」

——へえ、意外ですね。でも、1960年代のはじめ頃なんて、情報はほとんどなかったですものね、海外のクルマについてなんて。

「それで興味を持って、『阿部モータース』にいる間に、社長の許可をもらってモーガンを5～6台売ったですよ。ほとんどわたしひとりで。

それというのもトライアンフ自体の人気が落ちて、ほら、人気のTR4が米国を意識したTR5にチェンジしたことで消沈したでしょ。サルーンのトライアンフ2000も最初はよかったんだけれど、『バルコム』が頑張ったBMWなどに押されて。まあこの時期、トライアンフもレイランドに吸収されるなど、英国自体もダメな時期で」

——なるほど。そんな流行り廃りにモーガンはあまり左右されない。

「結局、その時期にモーガンを持ってわたしは辞めることにしました」

——といってもディーラー権だの、問題はあったでしょ？

「もうそれは直談判ですよ。まず、セールチュリニに掛け合いました。年間5台でも6台でもいいから自分の手で売ってみたい、と。モーガン社のピーター・モーガンにも直接手紙を書きました。モーガンというクルマを是非日本に広めたい、と必死ですよ」

——モーガンさんの反応は？

「その頃ですからね、日本なんてきちんと知ってはいなかったでしょう。せいぜい東洋の国だ、くらいにしか。でも、返事はいただけました。いいことだからやって下さい、と。本社がそういう返事をくれたことで、もう百人力です。

で、セールチュリニにもその手紙を見せて、ぜひ直接やらして欲しい。まあそこは商社ですから、売るひとがいなければ持っていても仕方のない権利。それにクルマ専門の商社じゃないですから、なかなかクルマのことがわかるひとがいない。直接でないと意思も通じないし、とにかく直接できるように権利を売って下さい、と交渉しました」

――結果は訊くまでもないんですよね。でも、ディーラー権なんて、個人で簡単に手に入れられるようなものなんですか。

「譲渡価格はモーガン1台ちょっとかな（笑）。いや、これはモーガンという、いってみれば特別なブランドだったからなんでしょうけれどね」

――でも、これで晴れて高野さんはモーガンのディーラー、日本総代理店になれた。

「そういうわけです。それで早速、と思ったところがクルマはない、でしょう。当時、それほど初期投資もできるわけじゃなかった。なにしろ個人ではじめたんですから。で、自動車修理会社の軒下を借りて、そこを事務所に１９７０年モデルの注文を取りはじめたというわけですよ。わたしは見栄を張るような商売じゃない、それで充分だと思っていました。

パンフレットもモノクロのみすぼらしいものでね。英文でしょ、それを訳したのを添えて。でもね、お客さん、ウチのお客さんとは長いつきあいの方が多いんですが、旧くからのお客さんにはいまだにいわれますよ。注文金払ったとき、少し心配してました、と。笑い話ですよ、いまでは」

モーガンのカタログ。上はおそらく高野さんが輸入されていた初期のものと思われる、1960年代後半のもの。下は珍しいモーガン＋４＋。クローズド・ボディのモーガンということで注目を浴びたが、結局「変わらないもの」をつくるのが賢明という教訓を得るのだった。

一流企業からドロップアウト

——話は変わりますが、高野さんがそもそもクルマというものに興味を持たれたのはいつ頃なんでしょう?

「それはですねえ、もっとむかし話になりますなあ。実は学校を出て真っ当に勤めたこともあるんですよ。学校はね、いまの仕事とは関係ない、電通大で。通信屋というわけで船に乗ろうかと、船会社N社に入るんです」

——すごい一流企業(笑)。

「ええ、そうかもしれませんが、入ってみるとこれが学閥があってあまり出世は望めない。それ以前に学生時代から米兵と付き合いがあって、兵隊から3000円で買った時計が1万円で売れるなんてことを経験していたのもいけなかった。初任給が一流企業でどんなに頑張ったって2万円弱って時に、右から左へで7000円儲かることを知っていた(笑)。背広が5000円以上、下宿代が二食付きで8000円くらいだったかな。そんな給料だけじゃあまともに生活できないですよね」

――英語はその頃から堪能だった。

「英語は大学時代に学んでいましてね、それを米兵相手に実践した。なにしろ外人がいっぱいいましたし、クルマなども好きでしたから、すぐそんな話から仲良くなれた」

――有能な人間は普通の会社で普通にしていてはいかん、と。

「そういうわけじゃないんですけれど、その一流企業を1年足らずで辞めまして。家族親戚からひどく怒られましたけれどね」

――自分で仕事をして、それで儲けてクルマで遊ぼうと……（笑）

「やはりクルマは憧れの的。そこに至る前にはオートバイ、スクーター。そんなものしか身近にありませんでしたが、そういうのを片端から無免許で走り回っていましたよ、子供の頃から。

学生時分には、ほら、さっきのアルバイトで儲けて、もうクルマを持っていました。でもいいことばかりじゃない。中古のクルマをやっとの思いで買ったと思ったら、翌日には動かなくなったとかね。そんな思い出はいっぱいありますよ（笑）」

――そんな生活していたら、やはり真っ当には勤めていられない（笑）。

「ええ、そんな遊び方していたものですから、給料2万円じゃ満足できるわけありませんよね。それに、悪いことに『小遣い稼ぎ』を憶えてしまっていたんですからね。

それでなにをやったかというと、雑貨屋をはじめました。半年ほど別の基地付近の雑貨屋で見習い修業しましてね。そこでノウハウを憶えて。修業したところは親父さんはじめ誰も英語しゃべれなかったんです。まるで通訳みたいなもんだったりしてね。こりゃたまらん、早く自分で、と思って相模原で店を出したんです。26歳の時かな、これは大当たりでして。結局10年やりましたよ。ええ。だんだん在留外国人が減っていって。朝鮮動乱があったすぐあとは、一番多いとき6万人いたんですよ。周辺に相模原、横須賀、横浜、座間とたくさん基地がありましてね。

面白い話があるんですよ。外人に売れるもの、その筆頭がパチンコの機械。これは売れましたねえ。1台300円くらいで買ってきた旧い台を、トラックに50台くらい積んで持ってくるわけですよ。それが1500円でばんばん売れた。いまでいうTVゲームの感覚ですな。引っ越しは軍持ち、荷物の大きさなんか気にしないから、みんな買って持ち帰ったですよ。

そのくせ、TVなんか置いていくんです。その頃、まだ日本ではTVが普及していませんでしたから、それを買って日本人に売ると、また数倍で売れちゃうんですよ。50

00円で買って1万5000円で売る。いい儲け、いい商売ですよ。いまでは考えられんですけれど」

――本当にいい商売。やめられませんねえ。

「それから鯉のぼり。男の子の祝いものだ、ってこれも売れました。米国人は季節の感覚がないものだから、年がら年中コイがたなびいている。コイだけじゃなくて、近所のオジサンを動員して、竹竿を取ってきてもらって、セットにしてやるのがミソでしてな……」

――確かにタイミングも良かったけれど、それに工夫を加えて儲けを倍増させたのが、高野さんならではのアイディアだったんですね。

「でもいいことは長くはつづきません。最後は、ちょっとテングになっていたんでしょうな、そういう隙をつかれるように『取り込み詐欺』に遭いましてね。それまでに貯めたものを一挙に失う結果になりました」

――でも、その頃、クルマは扱わなかったんですか。米兵が残していくクルマも多かったと訊きます。

「その頃はクルマはやらなかったですね。自分が趣味で乗るばかりで。そうだな、その頃乗ったのは、メイフラワー。トライアンフ・メイフラワー、1949〜53年につくられた1 1/4ℓ級サルーン。小さなロールス・ロイスという感じのクルマだった。それはね、香港からやってきた、航空機エンジン（R-R）のメカニックから買った。めずらしいクルマで、ちょっと自慢できましたよ。ええ、自己満足、モーガン・オーナーのプライドにも共通するものでしょうな」

——格好よかったんだろうなあ。われわれはそういう先輩を見て、いいなあ、と。そのうちあんなクルマに乗りたい、そんな思いを持ち続けて、クルマ好きになったんですから。

「いつも同じ年齢のひとより稼いでいた自負がある。30代にはちゃんと家も建てていました。ええ、倍働いて、倍稼ぎたいと頑張ってきましたから」

トライアンフからモーガンへ。高野さんは英国車ひと筋に30年以上輸入販売をつづけてきた。上は当時のトライアンフの人気車、ＴＲ４。イタリアン・デザインが英国車らしからぬ印象を与える。下は佳き時代のモーガン４/４。1971年式だが、最新モデルも雰囲気は変わらない。

趣味の先輩、プロの先輩

——話はモーガンに戻るんですけれど、実際高野さんが初めて英国にいらしたのは？

「初めて英国に行ったのは、それが1969年なんです。そうなんです、モーガンを仕事にするようになってから。まあディーラーとしてスタートして、挨拶したいということもありましたし」

——その時モーガンさんにもお目に掛かったんですね、初めて。

「ピーターさんはねえ、まあそれまで手紙のやりとりなどしていましたから、人柄的なものは分かったつもりでおりました。ええ、その通りの方で。まだ40歳代後半だったと思いますが、包容力がある、というか。いつもニコニコしていらして、それで気骨がある。そう、明治のひとみたいな感じでしたよ。わたしとそんなに歳も離れていなかったんですが、なにかおじいちゃんのようでね」

——そう、ひとつの主義を持っていそうな方です。工場はいかがでした？

「工場ですか。工場はまあ皆さんがお訪ねになって感じられるのと同じ。カルチュア・ショックですよ、ひと言でいえば。ランバー・ヤードがあって、木工部というところでは木を削って接着して。クルマの工場とはずいぶん雰囲気が違うでしょ。まあ本当の手づくり。日産、日野など工場をみた経験に照らしてみても、浮き世離れしていました。当時の日本でも充分オートメーションでしたからねえ」

——でも、それが英国ならではの魅力だ、と。

「当時は、まだそんな浮き世離れの魅力なんて分かりません。いや、本当のことをいうとねえ、果たしてこれで時代に追いついていけるのか、心配になりましたね。せいぜいこの先10年かなあ。まあそれでもいい、その間一生懸命売っていこう、なんてチラと思いましたもの（笑）」

——さいわいなことに、高野さんの心配は外れ、いまもモーガンは健在。それどころかこんな忙しい時代、逆にその存在が貴重になっている。近年も英国に行くことは多いんでしょうか。

「ええ。最近は、年1回ディーラー会議があり、それに出席するのと、たいていそれとは別に、だから年2回平均かな。いつもひとり、英国に娘がおりますんで向こうで一緒に行くことはありますけれど。アップ・トゥー・デートに対応するには、やはり自分

英国はピッカースレイ・ロードにあるモーガンの工場で、ピーター・モーガン氏。この周辺だけは時間がゆっくり動いている印象。工場の中はそれがよけい強く感じられる。「変わらないもの」をつくりつづけ、繁盛しているモーガンは、いまや英国のプライドという気さえするのだ。

の目で見ておきませんとね」

——長くやってこられると、自然とモーガン社での付き合いも深くなる。

「モーガン社自体、そういう人間的なつながりを大切にする会社ですから。ええ、ファースト・ネームで呼び合うようなね。間違ったパーツなんか届いたりする。すると誰かがちゃんとごめんなさいって謝ってきますもの。

最近はコンピュータ導入で、間違いは少なくなったけれど、その分ひとのつながりが薄くなったみたいで、逆に淋しかったりね。長くやっていますとね、いろいろ知り合いが増えた、それもあって、顔を見に行くんです（笑）」

——それはいい。やはり長くつづけていればこそ、ですね。

「世の中みんなせっかちに先読みするけれど、それはいいことばかりじゃない。

そう、それと、お客さんはモーガンというクルマには特別のプライドを持たれています。だからモーガンが街に増えて欲しくない、と思っているふしがあります。たとえば並行輸入されたりするでしょう。まあ、わたしは仕方ないかと認めているつもりですけれど、お客さんがよく思わない。つまり、モーガンのようなクルマには適正な量ってあると思うんですよ」

――ああ、それは同感です。金額的に買えるからといって、やはり、乗ってはいけないクルマ、分不相応なクルマがあるのと同じで。

「そう、むかし、高野さんに売るの断わられたものね、なんていうひとがいる。医者の息子さんで、いきなりモーガン下さい、お金はあるよ、って来たんですよ。あなたはまだ早い、あからさまに言ったつもりはないんですけれど。でもそんなひとがモーガンなんて買ったら、周りからどら息子っていわれるに決まっているじゃないですか。そういうことを考えたら、つい、売るのがいやそうな口振りになったんでしょうねえ（笑）。いや、本当にありがたいことに、その方は10年経って、買いに来て下さった。立派にお父様の跡継ぎになってね。もうそういうのは冥利に尽きますね。長くやってきた甲斐もあるというものです」

――さすが、クルマ趣味の先輩ですね。われわれも、あれが欲しい、これが欲しい、そういうのをお前10年早い、って先輩に教わって、順々に長く楽しむコツを覚えたんですから。

「英国のものは、たとえばコートだって、いい意味で着づらい、馴れないひとを受け付けないところがある。それと同じ。誰でも合う米国ものとの違い。そういうことをいうと嫌われる、煙たがられたりするんですけれどね。世界にひとつやふたつそんなクルマがあってもいいじゃないですかねえ」

高野さんは、そういいながら、穏やかに笑みをもらすのであった。そういえば、「専門ショップ」の第1期生のような、「ピッカースレイ・ロード・ガレージ」の志村隆男さん（1973年～「モーガン・オート・タカノ」、1979年に独立）や「マルヴァーン＆アヴィンドン」の谷口恵一さん（1980年～「モーガン・オート・タカノ」、1988年に独立）も、高野さんのところから独立したひとたちであった。

われわれにとっての趣味の先輩としてだけでなく、「専門ショップ」のプロの先輩としても、高野さんは貴重な役割を果たしたひとだ、と改めて確認したのだった。

高野利夫（たかの・としお）さん
1930年、茨城県八郷町生まれ

Morgan

PLUS 8 (4600)
(3900)
PLUS 4 (2000)
4/4 (1800)

英国モーガン モーター社日本総代理店
モーガン・オート・タカノ

代表取締役　髙 野 利 夫

東京営業所及工場　東京都大田区矢口1－4－4
〒146-0093　TEL 03 (3758) 6721 (代表)
FAX 03 (3758) 6761
本　社　神奈川県厚木市妻田南2-9-25
〒243-0814　TEL 0462 (21) 6940

第3話　趣味人の心を持ったプロ

「いやあ、もうしたいことがなくなっちゃって……」

取材の打ち合わせもあって久しぶりに岩佐さんに電話をしたときのことである。いかがですか、最近、と近況をお訪ねしたら思ってもいない返事が返ってきた。

ホンダの「エス」ことS600〜S800やエランを中心にしたロータスなど、佳き時代のスポーツカーのメインテナンス、レストレーションを得意とする「ガレージ・イワサ」のボス、岩佐三世志さんは、いつもエネルギッシュに活動している印象がある。ある時は、「エス」シリーズのルーツである稀少なホンダS500を見付け出してきて、ほとんど新車同然にまで甦らせてみせてくれたり、ある時は「エス」のメカニズム解剖標本のようなシャシー、ボディ、エンジンなどを単体で展示してショウの人気をさらったり（確か5年ほど前の「ニューイヤーズ・ミーティング」だった）、はたまたある時は「エス」のエンジンを搭載したフォーミュラ、ロータス41をフル・レストレーションしたり、とにかく岩佐さんの溢れるエネルギイを証明する「作品」の事例をあげるには事欠かないのだ。そんな岩佐さんだから、冒頭の「いやあ、もうしたいことがなくなっちゃって……」、という電話のことばはちょっとショックなことであった。早速出掛けて話を訊かねばなるまい。

岩佐さんはどちらかというと寡黙である。エネルギッシュではあるけれど、それはみんなが帰った後も工場に残って、ひとりで熱中して工作をつづける、といったシーンが想像される類である。「エス」や「ロータス」相手に黙々と仕事をする岩佐さんは知っていたけれど、考えてみれば、どうして「エス」を選んだのか、ここまで「ガレージ・イワサ」をやってきて山や谷はなかったのか、そんな話を改まって訊いたことはなかった。それもいい機会だ、訊いてしまおう。

国道17号線「大宮バイパス」から志木に向かって、秋ヶ瀬で荒川を渡って少し、宗岡の「ガレージ・イワサ」を訪ねた。

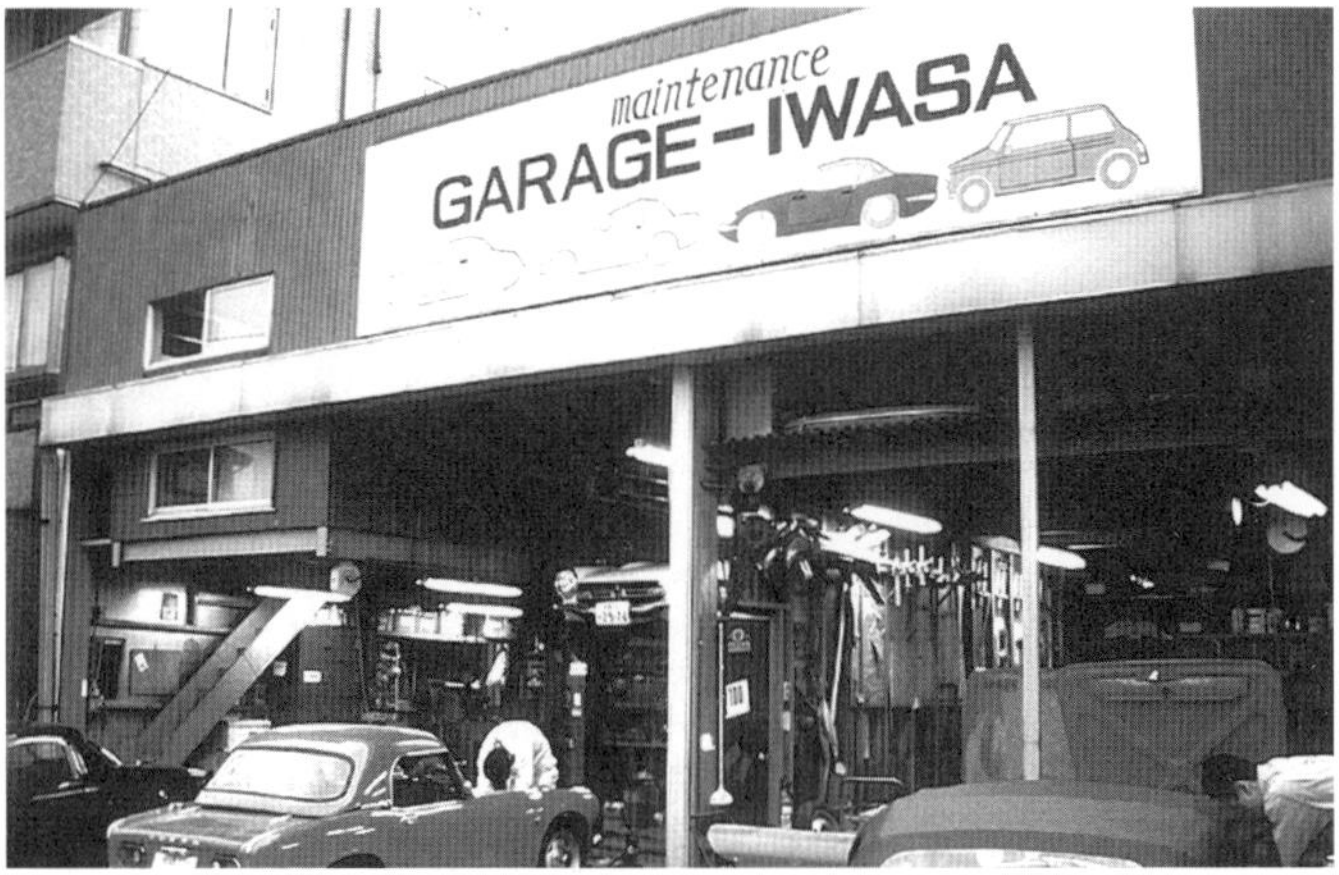

「ガレージ・イワサ」は、ショウルーム、ワークショップなどがとなり合わさって建てられる。中は「エス」や「エラン」が一杯。

仕事をしながら、クルマが好きに

——先日の電話で「もうすることがなくなった」なんて脅かすんだからなあ（笑）。ちょっと穏やかじゃない気がして早速駆けつけたんだけれど、お会いしたら相変わらず元気満々じゃないですか。

「いや、別に脅かしたつもりじゃないんだけれどね（苦笑）。ある意味じゃ、少し安定してきてるってことかもしれない……」

——まあいいや。それは後で訊くとして、岩佐さんって好きを仕事にしているって感じが強いんだけれど……

「そうはいっても仕事は仕事だからね」

——でも、仕事だっていっても絶対嫌いなことはしていないでしょ？

「それはあるね。仕事をしていて苦痛じゃないもの。うん、ひとにかき回されて仕事するというのの逆だから、ストレスがないからありがたい」

——ところで、「ガレージ・イワサ」はもう何年になるんだろう。

ショウルームの岩佐さんと、壁の小物入れ。「ミニチュアはほとんど自宅に持ち帰っちゃった」というけれど、懐かしの「コーギー」社の「エラン」などが目を引く。ショウルームの中には、1／1の「エス」と「エラン」と、そして後方のリフトにロータス41が並んでいる。

「ここに越してきて18年、それが独立したときだから、ウチももう20年が近いことになる。そんな話、したことなかったっけ。じゃ、少しむかし話からしますか。

わたしはねえ、米山二郎さん、そうレーシング・ドライヴァの草分けのひとり、いすゞで活躍していた米山さんのところで働いていたんですよ。米山さんのお父さんが経営していた自動車修理会社があって、そこに。米山さんのお父さん、幸作さんっていうんだけれど、むかし溜池にあった八洲自動車というところで工場長をしていて独立したひとでね」

——1960年代の話ですね。その米山さんのところでレーシング・メカニックを？

「いや、そうじゃなくて、一般のクルマ。二郎さんはいすゞのワークスだったからメカニックもちゃんと用意されていた。それにわたしら、そういう知識もなかった、レースなんて別世界でしたもの。

それでも米山さんの工場には当時としては数少ない外車なんか入ってきてね、普通の自動車屋、町工場とは違う雰囲気があって、ちょっと誇らしかった。普通の工場は、まだクルマなんてそんなになかった頃だから、乗用車だけでなくトラックも商用車もみた時代。そんなときの外車だからね。

米山さんのところには10人くらいいたかな。だって給料なんてタダみたいな時代、いまひとをひとり雇うのとはわけが違う」

――だいたい自動車修理を手掛けたい、と思ったのはやはりクルマが好きな少年だったから？

「いや、最初はたまたまひとの紹介で丁稚奉公で入ったんですよ。クルマが好きになったのは、それから後だなあ。

環境的にもよかったんだね。二郎さんがレースやっていた関係で、サーキットに行ったりしたりして。もちろんさっきいったように、いすゞのメカニックがちゃんとついていたから、僕らは二郎さんにチケットをもらって観戦、いってみれば応援団ですよ。船橋サーキットなんかがまだあった頃、結構出入りしていたんだ。

そういうところからだんだんクルマが好きになっていった。

当時のレース場って、それでいろいろな関係者が集まって、一種の社交場のような雰囲気があった。だから、そういうところで知り合いができたのは嬉しかったね」

――プロもアマもなく、好きなひとが入り乱れていた。そういうところが、わが国のクルマ好きの発生源でもあったんだ。

「まあ、その時期のレーサーなんてクルマ好きのかたまりでね。レースするだけじゃなくて、いつもクルマを飛ばしては、六本木や青山に集まってなんていう、要するに当時の若者の先端だったわけですよ」

——そういうのを指をくわえてみていたのが岩佐さんだったんだ。いつかは乗ってやるぞ、って。

「そうだね。いつの間にかレース場に行くのが一番の楽しみになっていたね。スポーツカーやレースカーのミニチュアを集めるようにもなった。仕事をしていくうちにだんだんクルマ好きになっていったんだね。

そのうち富士スピードウェイができて…… 富士ができた頃からレースが専門化、プロフェッショナル化していくんだ。スポンサーが付いて、莫大なお金が動くようになって。逆にわたしらにはちょっと縁のないものになってしまった」

——自動車修理が仕事で、趣味はレースではなくて公道で乗れるスポーツカーに移っていく。

「そう、自分自身が『エス』に乗るようになったことでね」

岩佐さんお得意のホンダ「エス」。上は、自身でフル・レストレーションしてみごとに甦った貴重なS500。下はスポーツ・クーペの先駆けのような存在だったS800クーペ。岩佐さんは、その現役時代をサーキットで実際に見て、憧れを抱いたという。パーツ、価格その他を考えると、「エス」はいまが買い時だ、という。

もらった「エス」を直して、乗って……

――岩佐さんと「エス」の関係は、次に訊きたいことだったんだ。でもその前に、独立したいきさつについて……

「自分でやろうと思ったきっかけ？　いやそれがさ、意気に燃えて独立して、なんて答えを期待しているかもしれないけれど、そういうのじゃないの（笑）。

実は米山さんの工場を閉鎖することになってね。まあ僕は最後まで働いていたんですけれど、またどこかに勤めるのもなんだし、いつかは自分で工場を持ちたいとも思っていたんでね」

――じゃ、いいチャンスがやってきたっていう感じじゃないですか、否応なしに。

「いま思えば、そんなところかもしれませんね」

――それで「エス」の専門店として……

「いや、これも訊いちゃうと面白くない理由（笑）、実はたまたま米山さんのところで働いている頃から『エスハチ』に乗っていたわけですよ。それで、ホンダ『エス』のオーナーズ・クラブ、『ツインカム・クラブ』なんてクラブのひとたちとも付き合いがあった。独立するにあたって、新しい場所に越してきたわけで、周りにお得意さまがすぐにできるわけじゃない。『ツインカム・クラブ』の何人かがレストレーションしたいっていっていたので、独立するときに仕事にさせてくれ、って。それが『エス』をはじめたきっかけ。ねっ、訊いちゃうとつまんないでしょ」

――そんなことない。やはりそれくらいの見通しは必要、いきなり独立といっても現実的にはなにかベースがないと、なかなか踏み切れないものですから。それに、まだその当時「エス」専門、と謳っても、果たしてどれだけの数のオーナーが集まってくるか、それだけ専門化した「狭くて深い」ショップが成り立つのか、まだ確証はなかったんだもの。

「でもウチの場合、それしかないという感じで『エス』を最低限ベースの仕事として、はじめたわけですよ。それが幸か不幸かいいタイミングでそういう専門ショップが生まれる気運に乗って、『エス』を専門みたいになっちゃうんだけれどね。

その頃、ミニチュアも集めていたり、個人的には結構趣味的なことはしていたんだけれど、でも店としては決して趣味の店にしようと思っていたわけじゃない。修理屋をしているんだったら、工場のひとつも持ちたい、ということの方が強かったね。仕事がクルマ修理で、『エス』やミニチュアはずっと趣味でもよかったんだ」

——へええ、意外だなあ。でも「エス」も「エラン」も嫌いじゃないんでしょう?

「もちろんもちろん。好きだから仕事にしないで取っておく、というのもあるでしょ」

——岩佐さんと「エス」の出会いをもっと訊かせて。

「独立する3〜4年前じゃないかな、本格的に自分で所有して『エス』に乗りはじめたのは。うん、30歳前後だよ。その前からも『エスロク』をくれたりするひとがいて、それを直したり、乗ったりして遊んだりしていたことはあったけれど」

——そうだ、「エス」が捨ててあるような時代。いまじゃ考えられないけれど、そういう時期もあったものね。

「実際にメカニズム的にいじってても乗ってみても、『エス』って奥が深いというか、小さい癖に本物志向なんだよね。だんだんのめり込ませるなにかを持っている。

そんなとき、ホンダのチューニングで有名なヨシムラさんのところに持っていって、キャブを見てもらったりね。そこでいろいろ教えてもらえたことも、プラスに働いてるなあ。クラブのひととも知り合って、刺激しあいつつ……」

ちょうどレストレーションの途上にあった「エス」。「これは昨日、休日返上で夜中に塗装したんだ」と。昼間は電話などがあったり、落ち着いてできないから、塗装作業はいつも深夜、ひとりで行なうことになるのだそうな。下は、美しく仕上がったホンダS600。しゅんしゅん回るエンジンに、みんな目を見張ったのを思い出す。

――嫌いなこと、曲がったことをしない。だから周りはホント、岩佐さんは好きなことばかり仕事にできてて、って思っている。

「そうだろうね」

――でもそれはいいことだよ。

「うん、わたし自身もそう思っていますよ」

――やはり好きな仕事を楽しそうにしているから、はじめて仲間のように同じ「エス」の好きなお客さんが来てくれる。マニアックなほど熱心一途なお客さんとも、また一般のお客さんともつき合えなくちゃいけないんだから。ボスは率先して先を行っていなきゃいけない。そういう意味では岩佐さんは結構まじめに勉強熱心で、正統派の「エス」の先輩役をしている……　そんな感じがするな。

「……（笑）

でも、自分じゃ専門ショップのボスとしては、白けているんじゃないかな、って思うことがある」

――いや、その辺りがプロフェッショナルに長いことつづけていくコツなのではないか、と睨んでいるのですが。

「なるほどね。自分がいれ込んじゃって、ショップが継続できなくなったっていう話を訊いたことがある。

独立して商売はじめるときに、『ガレージ・イワサ』にしようと名付けてくれたデザイナーがいて、彼がいってくれたんだ。名古屋だったかな『エス』の仕事をはじめたけれど、結局趣味と仕事をうまく分けられなくて、すぐに畳んじゃった。そういうのは絶対してはいけない。なによりのサーヴィスはつづけることだ、って」

「ガレージ・イワサ」のもうひとつの得意科目、ロータス・エラン。「エス」も「エラン」も修理には手が掛かる、でもいいクルマだと苦笑する。写真は美しく仕上げられたエランＳ３ｆｈｃ。

「エス」に「エラン」が加わって

——岩佐さんは、ときどきとんでもない面白い素材を見付けてきては、自分の労力で仕上げていく。それは端から見ているとなにか実物大の模型を楽しんでいるような。

「プラ模型みたいな感覚？　うーん、仰有るとおりだね。レストレーションするようになったら、プラ模型も実物も同じ。結局1／24が1／1になっただけなんだよね。昔からミニチュアだけじゃなくてプラ模型も結構つくって楽しんでいた。でも、実物をレストレーションするようになってからは、パッタリつくらなくなった。それは、物理的に時間がなくなったこともあるけれど、なにか感覚が同じだから、もう実物だけで満足しちゃってる部分もあるんだね、きっと」

——やはりレストレーションって、時間も掛かるけれど、気合いも相当必要でしょ？

「そうだね。でもなかなか仕事にしにくいのは、やはりコストのことが一番大きいんだと思うよ。ショップの側からいうと、普通なら先に金勘定がある。これだけの労力をかけたら手間賃はいくら、というような。単純に時間計算したら、レストレーションなんて絶対成り立たないよ。それだけレストレーションって時間もコストも掛かるものなんだよ。

ウチがレストレーションを手掛けていられるのは、お金の部分は後からついてくるもの、と割り切っているから。その勘定を前提に仕事をするのとじゃ大違い、だからね。

いや、結局それ自体、つまりクルマ直すこと自体が楽しいのかっていわれると考えちゃうけれど、やはり、直してみたいっていうか、そういう気持ちを大事にしたいと……」

――プロの興味っていうような？

「そうかもしれない。とにかく手を動かしていたいというのはありますね。やはり基本はメカニックなんですよ、わたしの場合」

――ところで「エス」とともに「エラン」も手掛けるようになったのは？

「『エス』だけ、っていうのはどうもマニアックに凝り固まっているみたいでいやでね。じゃ、もうひとつ興味のあった『エラン』をやってみようか、と」

――そう、「エス」と同じ時代のもうひとつのヒーローだったですものね。

「それをやって分かったんだけれど、『エス』も『エラン』も、まあ割の合わないクルマ（笑）。いや、手が掛かる手が掛かる、直す点でね。商売としてむずかしいことがよーくわかりましたよ。だからなかなかみんなは手を出さない。なんてオレは貧乏くじ引いているんだろうか、って考えたこともあった、ホンの瞬間だけれどね。

うん、すぐに反対にそういうもので成り立つようにするにはどうすればいいか、って考えて。だってもっと簡単に仕事になるもの、単純にできちゃう仕事って、あまりにも情けないものが多いんだよね。こんなことといっちゃ悪いかもしれないけれど、要するに部品交換で終わっちゃうのは誰にでもできてしまうわけですよ。じゃ、逆にオレにしかできないものをって。そういうのでなきゃ生き甲斐にできないよ。

プラ模型だってさ、ボディ一体、タイヤつけるだけみたいなものもあれば、部品点数何百ってつくり甲斐のあるものもあるでしょ。結果的にはそっちの方が面白い、やりがいがある……」

——そういう意味では、上級者向けの仕事（笑）。そうだ、ロータス41の話をしてよ。貴重な佳き時代のフォーミュラ（1965年末に発表され、1966年〜ロータス41、1967年41B、41C、1968年41Xと発展したF3マシーン。コスワースMAE997ccエンジンが主だったが、ホンダ「エス」用エンジン搭載車もつくられた）。

「むかし、ほらレースの手伝いしていた頃、実際に見ていたクルマなんですよ。

ホンダ「エス」用のエンジンを搭載したロータス41。沖縄で発見して、10年を掛けてレストレーション。ＦＲＰ製のカウルは、自製。同時に多くのノウハウを学んだという。これも年始の「ニュウイヤー・ミーティング」のショウでお披露目した。一部修理すれば走行可能になる。

これを手に入れたのは、ちょっとした話があってね。いまから20年ほど前かな、『エス』のオーナーで、沖縄でトゥーリストに勤めているひとがいて、チケット送るから沖縄に来てくれませんか、って。単純だからさ、旅行できるのが嬉しくて行くよって返事したら、ホントにチケット送ってきて。それで沖縄に行ってキャブ調整なんかしてあげて。そんな付き合いをしていたら、あるときS800のエンジンを積んだレーシングカーがあるよ、って。なんだろう。ブラバムじゃないっていうから、じゃロータスだ、って見に行くんですよ。

で、バラバラに倉庫にあるっていうそれを組んでみたくなってね。それで買っちゃったわけですよ。でも本当にバラバラ状態で、結構大変。最終的にはボディも自分でFRPで再生しなければならなかったくらいで。そう、たっぷり10年仕事ですよ。

実は、カウルなどは英国で買うことができた、ってあとから知ることになるんですけれど、でも自分でやったことでエランのレストレーション、直す勉強になったりね。そういうのがついて来るんですよ、実際に自分で手を下すと」

――ショウルームにいまも飾ってある。

「アップライトやホイールがマグネシウム製で、それをアルミでつくり換えれば走れる状態。そうか、お披露目したのが6年前の正月か。そろそろ走れるようにしなくちゃね」

——ほらやることできちゃったじゃない（笑）。「やることがなくなった」なんて脅かしていたけれど。

「……（笑）」

——岩佐さんは「ガレージ・イワサ」の今後についてなにか考えていますか。

「わたしがやってきた時代は、クルマをとりまく環境としては一番いい時代だったと思うよ。自由にできたでしょ。だからすぐそのまま後に継がせるわけにはいかないんじゃないか、と思っている。むずかしくなるんじゃないかな。商売としてはかなり落ち着いてやっていかなけりゃ、という気がするね」

——将来は暗い？

「やはり見えるのはこれから先10年。その先は……。だってこの商売はじめたときに、この仕事は5年くらいしかできないと思っていた。部品だってなくなりそうだったしさ」

——ひょっとして、岩佐さんはもう「エス」は卒業した、なんて気になっているんじゃないでしょうね。

「そんなことはない。『エス』をやる体制としては、いまが一番いいんだよ。部品も厳しいなりに手当の方法が分かってきているし、もう目をつぶっていても修理はできる。やっぱりクルマが好きになっているんだろうね。売り物のいいのがあると前の日からワクワクしたりね。仕事していてこんなワクワク感が味わっていられるのは、幸せなことですよ」

——そうか、嫌いなことをしないで済む、ワクワクしていられる。だからいつまでも若いし、仕事がつづけられるんだ。

「そうだね。若いコなんか見ていると無感動で、可哀想というとおかしいけれど、やはり好きなこと仕事にできて、いつもワクワクしていられるのは最高だね」

——岩佐さん見ていると、ビル建てるほどじゃないけれど、まあやっていけなくなるほどでもない。まあある種好きなことを堅実にやってここまで来た、そんな風に見えるんですけれど、それは他人が勝手にそう見ているだけなんですかねえ。

「いや、結構そんなところじゃないかと思うよ。もちろん『エス』もクルマ全体も好きだけれど、溺れることもなく、こうしてやってこられた。

最初の頃なんて初めて経営するんだからいくらもらっていいかも分からない。街の修理屋さんと同じ賃金を目標にしたんだけれど、そうはいかなかったね。それはいまでも同じで、単純に時間工賃を計算したら、とんでもない値段になっちゃう。そこがまあ苦しいところだけれど、でも好きな仕事をずっとつづけていられるのだから幸せではありますよね」

――さっきひとの仕事を見ると、簡単なとこだけ直してるって感じがするといっていたけれど、逆に岩佐さんはむずかしいところを直す。それが修理屋の性というのか、そうしなけりゃ気が済まない……

「そうしなきゃ直らないからだよ、きっちりとは」

――でもそれが岩佐さんの価値。プロとアマの差、好きを仕事にするっていうけれど、やはり基本的にプロでないとダメということなんですね。

「それはいえる。わたしは修理屋が好きなことをしているんだから。お金のプロが修理の仕事をしているのとは違う。そこのところだけは分かって欲しい、と」

「そこのところ」、つまり岩佐さんはあなた方お客さん、趣味人と同じ「価値観」の持ち主なんですよ、という部分だけは分かっておいて欲しい、と。よし、岩佐さんがいる限り、とりあえず「エス」は心配ない、そう安心した気持ちで、レストレーション待ちの「エス」が並ぶヤードを見渡したのだった。

岩佐三世志（いわさ・みよし）さん
1947年、新潟県生まれ

maintenance

GARAGE-IWASA

(有)ガレージイワサ　埼玉県志木市中宗岡3-8-7　TEL 048-472-0602

miyoshi iwasa

岩佐 三世志

第４話　計器を直すクラフツマン

ショップの名は「日本計器サービス」という。景気でもなければ、ケーキでもない。なにをしているのかといえば、机に座って、難しい顔をしながらちまちまと一心になにかをいじっている。時計？　かと思ったら、それよりはひと回り以上大きい。

「日本計器サービス」は、クルマのメーターを専門に直す会社なのであった。といっても、世田谷は駒沢通りに面したマンションの1階、10坪ほどのショップにいるのは、ボスの野尻久男さんを含めてもたったのふたり。それでも、この道20年、特に旧いクルマを愛好するものには、なくてはならない存在でありつづけているのだ。直接「日本計器サービス」に依頼したのではなくとも、多くのショップがメーター部分に関してはここと決めて、彼のもとに「下請け」に出していることが多いから、知らずのうちにお世話になっているかもしれない。それだけ、頼られる存在、なのである。

たとえば小生の持っている1959年の「カニ目」のスプライト。ワイヤ・ケーブルで駆動されるメーターはとても正しい速度とエンジン回転数を指しているとは思えない。針はゆらゆら揺れるし、それにメーターの文字盤もくすみきっている。そんなのが野尻さんにかかれば、新品同様に甦る。文字盤は半艶の塗装も美しく、文字もくっきり。動きもスムースで、トラブルのもとになるアキレス腱のタコメーターは（ダイナモ軸で駆動されるメーターは途中のギアボックスが磨耗する）外観そのままに電気式に改造することもお手のもの。そうした作業の一切を考え、実行してくれるのだ。ことメーターに関しては、あらゆる方策を講じて、レストレーションして貰える。それだけのキャリアとノウハウを持った、かけがえのないひと、というわけだ。

もちろん、「日本計器サービス」の存在は、それこそ20年前から知っていたけれど、考えてみれ

「日本計器サービス」正面。ショップは東京世田谷の駒沢通りに面した閑静な住宅街にある。一時は、前に停められたディーノやロールスが看板代わりになっていた。

ば改めて野尻さんに、いかにして「好きで仕事を」はじめ、ここまでつづけてきたのか、そんな話をお訊きしたことはついぞなかった。最近でこそ、専門ショップもいろいろなブランド、パーツ専門など細分化されているが、いまから20年前にメーター専門というのは特徴的な存在だった。それが、メーターを直しつづけて20年。意外なことに「日本計器サービス」に追随するショップも見当たらないまま、今日までつづいてきている。メーター修理はずっと安定した仕事として平坦な道だったのか。それより、野尻さん自身はメーターに向かう毎日をどう評価しているのだろうか。

そんなこんなを訊きたくなって、駒沢公園近くの「日本計器サービス」の扉を開いた。机の向こう、例によって手元でなにやらちまちました作業をしながら、顔だけをこちらに向けて、「入りなよ」と。見れば、メルセデス、1960年代の250SLのタコメーターの文字盤をレストレーション中という。いいよ、質問してよ、と手を休めることなく、話しはじめてくれた。

野尻さんはメルセデス・ベンツのメーターを直しながら話を訊かせてくれる。脇の壁を見るとご覧の通り、ズラリと並んだ各種メーターの文字盤に圧倒される。メーターの下のプラスティック・ケースにはいろいろなパーツがストックされる。クラフツマンの仕事部屋。

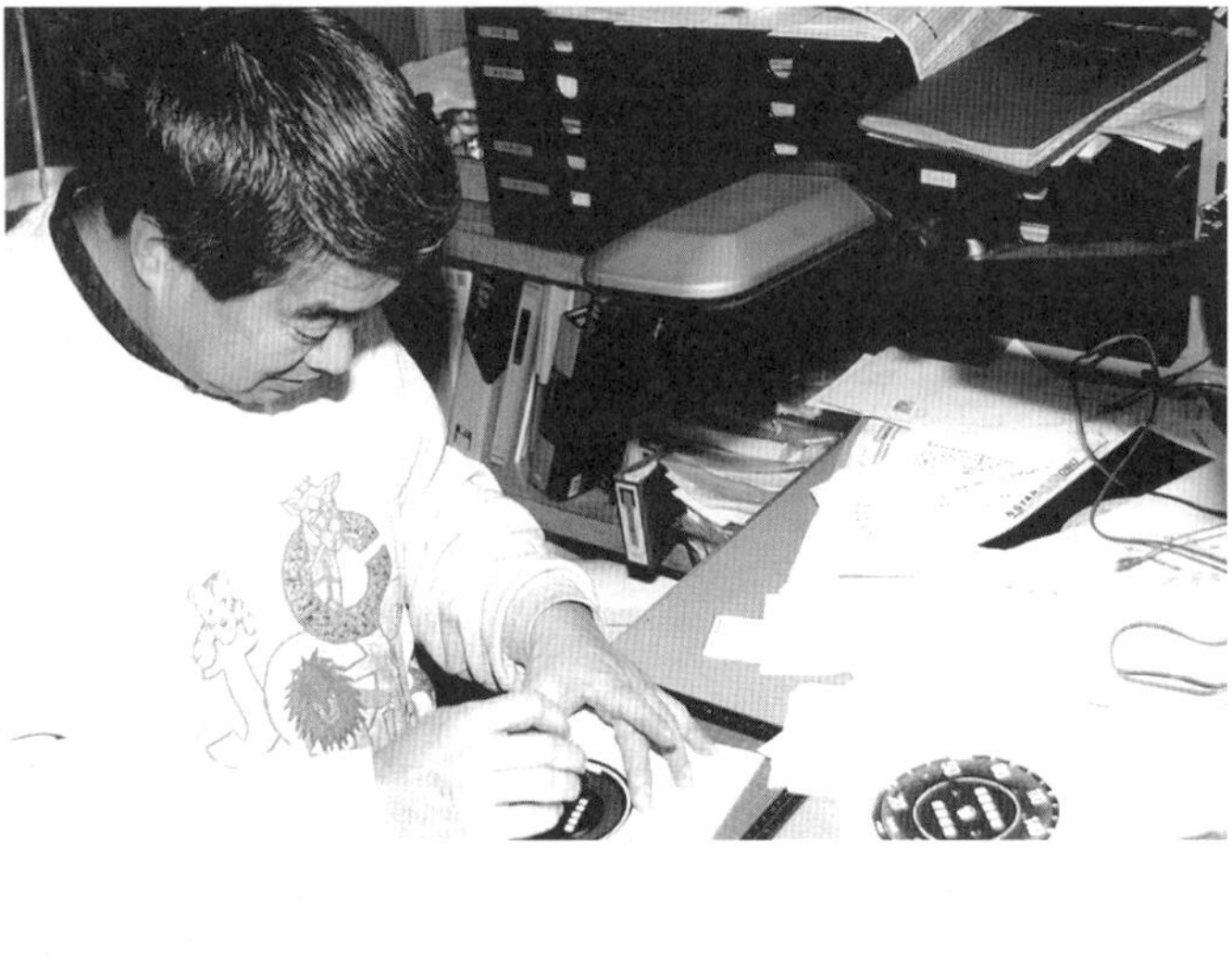

「プラ模」感覚でメーターを直す

——前から一度伺おうと思っていたんですが、野尻さん、この仕事に入ったきっかけは？　いつ、どこで？

「いきなり……なんだろうなあ。そうそう、自分のクルマにね、メーターをつけたかったんだよ。ええとね、スバル360だったかな。1960年代の若者の身近な憧れをマツダ・キャロルと二分していた『軽自動車』。でも『軽』だから、メーターなんて1個か2個か、それもショボいのがついているだけだった。やはり、若者の気持ちとしてはスポーツカーみたいにズラーッとパネルに並べたいじゃない。それでね、メーターやさんを訪ねたの。『O計器』って会社」

——野尻さん、いくつの時ですか？

「まだ『軽』の免許しか取れなかったんだから18歳前。まだホンダのN（ホンダN360：1967～1972年）なんかでていなかった頃ですよ。青山に『パラマウント商会』というのがあってね。いわゆるカー用品ショップ。そこにメーターを買いにいってさ。でも気に入ったのがなくて、それで紹介されたのが『O計器』。うん、メーター専門の会社でね。まあ面白そうにみえたんだろうね。何故だか、そこに出入りするようになって。結局、学校卒業するより前にアルバイトするまでになっちゃったんだな」

——そこでどういうアルバイトをしていたの？

「うん、メーターの修理。いってみれば、していることはいまと大差ない（笑）。ただ新車がほとんどだった、というだけで。

その頃ね、輸入車ってメーターなんかいまよりずっと厳しかったんだよ、精度の規定が。たとえば40km／hのとき＋なんkmかで車検がダメなわけ。それで修理する、もちろんマイル表示をキロ表示に直すのもあったし、国産車用メーターのクレーム処理もしていたし、とにかくなんでもやったな」

——それはいまの野尻さんにとって大きな財産になっているわけだ。でも、なんだろう、こういう仕事がぴったり合っちゃったんだろうか？

「元もと細かいの嫌いじゃないもの。プラ模型なんか子供の頃から熱心につくっていたし、結構うまかったし（笑）。とにかくクルマも好きだったから、クルマに触れていれば、それで嬉しい時代だった。あまり深い考えもなかった。

野尻さんのクルマ遍歴は、わが国産車の旧き佳き時代と重なっていた。上はマツダのファミリア・ロータリー・クーペ。ロータリー・エンジンで、「GT-R」をも脅かす性能の持ち主。下は豪快なオープン、ダットサン・フェアレディSR311。それぞれが個性的だった。

その頃の『O計器』って、職人さんみたいなひとが4～5人いたかな。それに見よう見まねで加わっちゃったんだからね。結局、大学も途中で辞めちゃって。たいして学ぶこともないのにつづけるより、手に職をつけたかったからよかったんだけれどね。

工賃仕事だから仕事すればするだけ給料もよかった。普通の大学卒の倍以上稼いでいたもの、その頃から」

――じゃ、それで好きなクルマを次々と……

「そう。スバルにはじまって、いろいろ乗ったなあ。本当、好きにまかせてですよ。ええとねえ、ファミリア・ロータリー・クーペでしょ、フェアレディSR、それからS30フェアレディZ、スカG、ブル610……」

――後半は日産のオンパレード。ひとつを長く持つより、次々変えて楽しむ方だった。

「『O計器』ではお客さんのクルマ借りて乗ったりね。ほら、珍しい輸入車が入ってくるじゃない。メーターを直している間、乗せてもらったり。

早くから独立心があって、自分ではじめたい、そう思っていたから、楽しかったけれど本当は早いところ辞めたかったんだ、実のところは。でも結局は29歳までいた。辞めさせてくれないんだもの。客取られると思ったんじゃない（笑）」

独立してから、いつも追われて20年

——でも、そんなバリアを振り切って、ようやく兼ねてからの計画通り「日本計器サービス」を開くことになる。

「うん、1978年かな」

——独立心が強かったとはいっても、やはり実際に独立するときって、緊張するものではなかった？

「幸運だったというか、ちょうど独立した頃は並行輸入車が一気に増えてきた時期でさ、しかもそういうクルマには改善項目がいろいろあった上に、そのほか一般車に対する規制もあった。ほら、100km／hを超えるとブザーが鳴るようにしなくてはならない、というのがあったりさ。独立した当初からあれで猛烈に忙しくて」

——そのときからいまと同じ場所、で？

「いや、最初の2年間はS自動車の2階を間借りして。そう、並行輸入車のナンバーつけで有名なS自動車。だから、あそこに入ってきたクルマのメーターは全部ウチにま

わってきてさ、もうその2階で囚われの身、次から次へと仕事大忙しですよ」

——いいじゃないですか、その逆に仕事がなかったら困るでしょ。

「それはそうだけれど、なにかそれ以来20年間、ずっと追われっぱなしという感じ」

——それはご同慶です。野尻さんの仕事はあまり波がないのかな。でもそれだけ需要のある仕事だったら、あとから追随してくるところがないのが不思議。

「やはり特殊な仕事だからだよ。競争相手でてこないのは、やっぱりいきなりじゃできねえからだろ」

——冷たい言い方だなあ（笑）。でも、野尻さんしかできない特殊技術だとしたら、それを次に継承することもしなくちゃいけない。そうしてもらわないと、旧いクルマのメーターは直せなくなる。

「……」

——野尻さん自身はずーっと変わらず、机の前に座って……

「基本的にはそうだけれど、ときどきおいしい仕事があるの。並行輸入車の改善パーツを生産販売したことがあって、これは儲かったんだよね。日本のナンバープレートをつけるためのフレームだとか、排出ガス対策の触媒センサー。

業界でつきあいが長いと、こういうパーツが欲しいんだけどつくらない、って話がくるんだよ。そういうのを、さっさとつくって。手を動かさないで儲かっちゃう。それも、一挙にたんまりと（笑）」

――それはいいけれど、そういうのを経験しちゃうと地道に手を動かして、その分だけが稼ぎになる仕事がいやにならない？

「ま、これは好きだからやっていけてるんだろうね。要するに改善パーツなんて隙間なんだよね。需要があって、量産メーカーが乗り出すほどの量じゃないけれど、早く製品として欲しい。それを小回り効かせて供給するから儲かるわけで。

いってしまうと、メーターの仕事も違う観点での隙間かもしれない。メーター直しなんて、誰もしない、できない、でもメーターは直さなきゃあいけない重要な部品なんだから」

――なるほど。でも20年もつづけていると、メーターの方は全然変わっちゃったでしょ？　直し方や分解方法なども全然違うんじゃないですか。

「そうだね。ひと口でいうともう針だけが一緒で、裏に回れば中身はまるっきり違う。メーター自体が、ケーブルで駆動される機械式から電気になって、いまのはもう完全にエレクトロニクスだらけ。メーターパネルの裏自体がひとつの情報基地になっちゃっているから。だいたい直すなんていうことはまるっきり考えていない」

——その違いは欧州車と国産車とでもいえませんか?

「そうそう、そうなんだよね。旧いポルシェのメーターとたとえばサニーみたいな国産車のメーターだとサニーの方がよっぽど手が掛かる。まあだいたい国産は修理のことなんて考えていない、即交換という考え方だもの。それに加えて出来が悪いというか材料の品質、工作が違うんだね。まあコストも違うだろうけれど、ぜんぜん減りが違う。そういうのをみるとさすがポルシェって感じがするよ」

——最近のエレクトロニクスが直しに向いていないということを含めて、野尻さんの仕事はだんだん旧いのが中心になっている?

「これから先、修理の仕事ってどれだけつづくだろうって思うことがある。修理のできないメーターばかりになるんじゃないか、って。その点、旧いものはいい。とくにそういうのがちゃんとできたときは気持ちがいいよね」

——旧いメーターなんて、部品がなかったり、考証が大変だったり、やはり長くやってきたからこそそのノウハウが生きるんだろうな。

旧い機械式のメーターの中身は、ご覧の通り。いくつもの小さな歯車やバネが巧みに組み合わさっている。完璧に直せば、電気式より正確だよ、と野尻さん。下は、メーターのリムを削る旋盤かと思ったら、そうではない。メーターの枠を締めるのに使う専用工具だと。

「それはあるね。悩んだりする前に自然に手が動いちゃう感じ、だもの。メーカーや年代でだいたいの傾向がある。そういうのはどこかで教えてもらうか、ずーっとつづけてひとつひとつ憶えていくか、どっちかでしょ。僕の場合は、これしかやっていないから、なにか自然に身体で憶えちゃった、そんな感じだね。旧いメーターの考証なんかも、ファイルに貯めているものでほとんど間に合う。

そうそう、さっきのあとから追随してくるところがないって話だって、結局こういうのを目指して、それである程度修業しないと実際の仕事にならない。そんなこと誰もしないから、っていうのがあるんじゃないかな。

心配かもしれないけれど、逆に旧いメーターなんかほとんど困らない。

ない部品はつくって、ストックしていくようにしているから。ギアだとかブッシュだとか。だいたい小さなパーツ1個なんてほとんど手間賃だけだから、何個かまとめてつくっておく。そんなのも、時間とともに種類がたまっていくわけで、今度はそれを使って修理できることになる」

——でも、そういうパーツを一品でつくってくれるところ、たとえば街の挽きもの屋さんなんかも、少なくならない?

「ウチは大丈夫、バリバリの現役のひとがいてね、こうやって漫画みたいな図面を書いて送るとすぐつくってもらえる。こういう付き合いのネットワークができているというのも、長くやっているから、だろうね」

――そうか、訊けば訊くほど黙ってだてに20年やってきた、というわけじゃないことが分かってくる。

「やっぱ面白いんだろうね、これが。メーター直して1個いくら、というのが仕事で、さっきいったような規制対策部品みたいに、わっと儲かっちゃうのがプラス・アルファ。そう考えればいい、と思っているんだ。そういうプラス・アルファは規制解除になると仕事がなくなる。それだけやっていたら参るけれど……」

――でも、本業はメーターを直す手間賃仕事と考えていれば、堅実につづけられる。でも、いつだったか、ここの前にフェラーリやらロールスやら次々停まっていて、びっくりしたことがあった。

「ああ、あれ。儲かったときに持っていたの（笑）。ディーノはあれ206GT（ディーノ246GTの前身。わずか150台ほどがつくられ、246GTに移行した）だったんだよ。珍しいでしょ。いやたまたま手に入ったまでで、凄い安いのがアメリカにあるけど要らない？って。そんなのばかりだよ。これしかない、って決め込んじゃうようなクルマ好きじゃないから、興味のあるクルマは平気で、次々乗ってみたくなる。フェラーリ412とかロールスもその前後だね」

――そうか、さっきは独立するまでのクルマ遍歴を訊いて終わっていた。その後、いってみれば輸入車篇も訊かなくちゃ（笑）。

「うーんと、独立したときはなんだっけ、そうそうルノー5だった。それからルノー5アルピーヌ、エラン……ここら辺から複数持つようになったんだ、アシと遊び用と。ベンツ250SEクーペ、BMWのM1があったでしょ、それからディーノ、412、あれ売っちゃった、コーニッシュとかね、それも売っちゃった。そう、次々乗り換えるんだもの。いまはマセラティのシャマル。それとあれがあるよ、アルファ・ロメオのジゥリア1600スパイダー。ひとつは自分でいじれるのを置いておきたくなって」

――自分でメインテナンスする？

「うん。メーターは仕事だけれど、クルマいじりは遊びだもの」

――ねえ、野尻さんって遊びのクルマでどうやって遊んでいるの。箱根に行くの？サーキット走ったり？

野尻さんの華麗なクルマ遍歴、パート２。ディーノ206ＧＴなどという稀少なクルマを所有していた時期もあったし、豪華なフェラーリ、フェラーリ412も所有していた。マニアックにこだわることなく、いい話があると購入して、次々に乗り換えるのが野尻流の愉しみ方。

「ううん、いかない。サーキットなんか走りたいと思わない。ほとんど都内しか乗っていないなあ。でもクルマ乗っていたいんだよね、面白いクルマに。ここは家から15分なんだけれど、通勤するにしても面白いクルマで走りたい。

さっきもいったように、クルマは業界にいるから、たまたま手に入ったみたいなものが多いんだけれど、でも好きなクルマでなきゃ乗らないね。そうだなあ、これから欲しいとしたら、ベントレイなんていいなあ。いま何故か大きいのに乗りたい。大きいのってゆったりするじゃない。小さいクルマはセコセコ、逆によけい飛ばしちゃうよね。シャマルもちょっとその傾向があって、自重しながら乗っているんだ（笑）。でも最近のスポーツカーってつまんない、欲しいものがなくて困っちゃうよね」

話をしながらも、掛かってくる電話に応えたり、手許のメーターに手がいったり、忙しい。電話は各地のショップから、直し方を訊いてきたりするものも多い、という。「ったく、ショップのオヤジは頑固者が多いから」と苦笑しながら、宅急便で送られてきた箱のひとつを開いた。訊けばそれはフェアレディSR311の水温計だという。直しに送られてきて、異常がない、と送り返したのに、やはり取り付けたら針が振りきってしまう、と再度送ってきたのだという。

やおらガス台に火をつけ、湯を沸かす。煮立った頃、そのセンダー・ユニットをお湯に浸け、メーターを注視。ニヤリ、と笑みを浮かべて電話を取った。「社長、送ってきたメーターだけれどねえ、やっぱり異常ないよ（笑）。いま、熱湯の中だけれど、ちゃーんと100度を指していますよぉ」。取り付けたときに、どこかショートしているんだよ、という結論を進言して、笑顔のまま、元の箱に収めた。

野尻さんはやはり多くのショップに頼られている、すっかり業界になくてはならない地位を確保していることを知らされたのであった。

「最近は、面白いひとが増えてきた」と見せてくれたのは、自分でデザインしたメーターパネル。これを一品でつくってくれ、という注文があったのだ。漢字の数字の入ったハーレーのメーター、美しい黄色地のメーター。コンピュータを使えばこういうのはすぐにできちゃう。楽しみはいろいろ広がっていく。野尻さんの職人技と、そういう新しい方法がミックスして、クルマ趣味はますます面白くなっていくにちがいない。

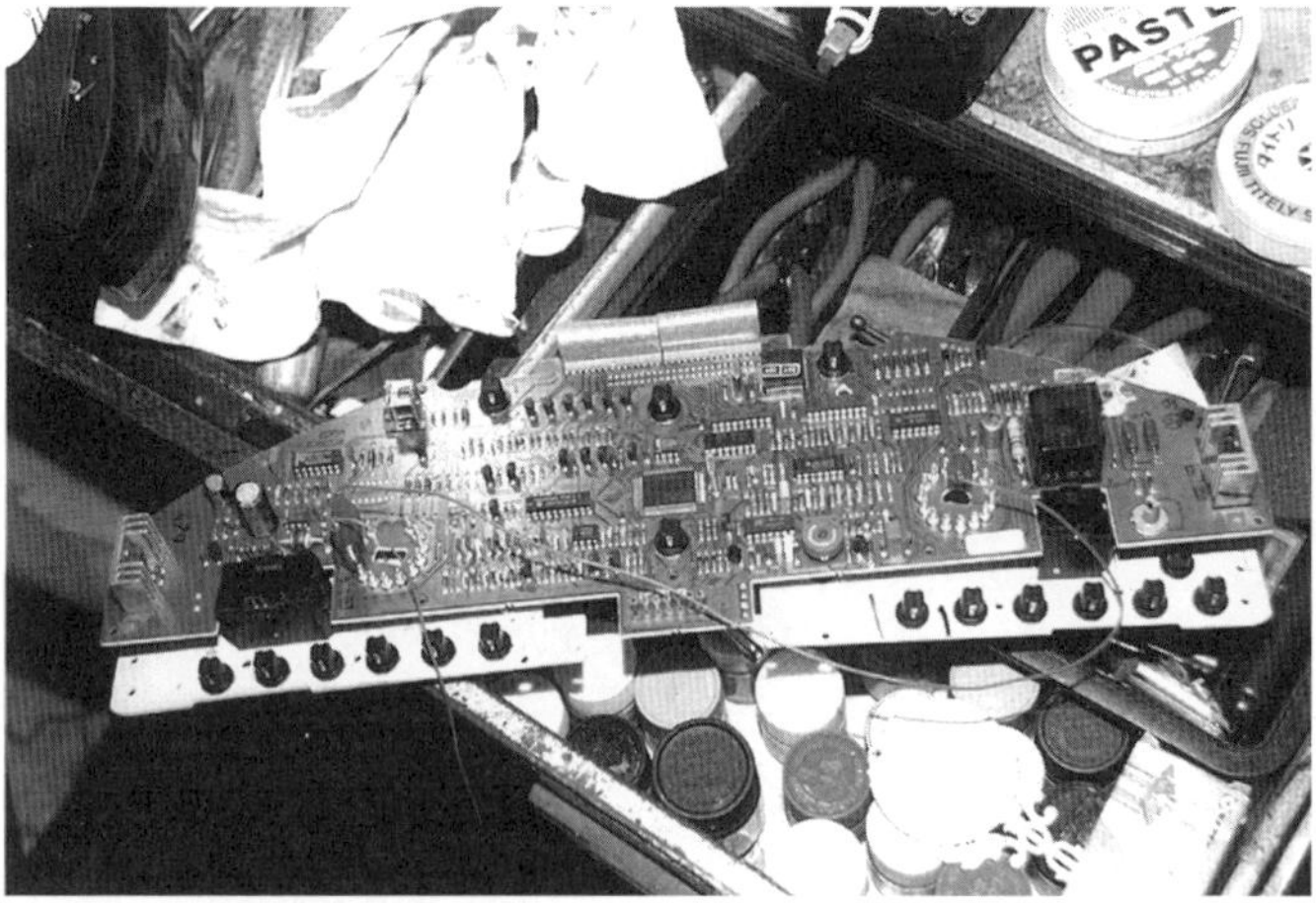

最近のメーターはもうぜんぜん直すなんてことを考えていない、と野尻さん。確かにパネルの裏側はもうエレクトロニクスの塊となっている。下の引き出しの中の工具や「プラカラー」に注目。下の写真は、特注でつくったオリジナルの文字盤。新しい楽しみ方である。

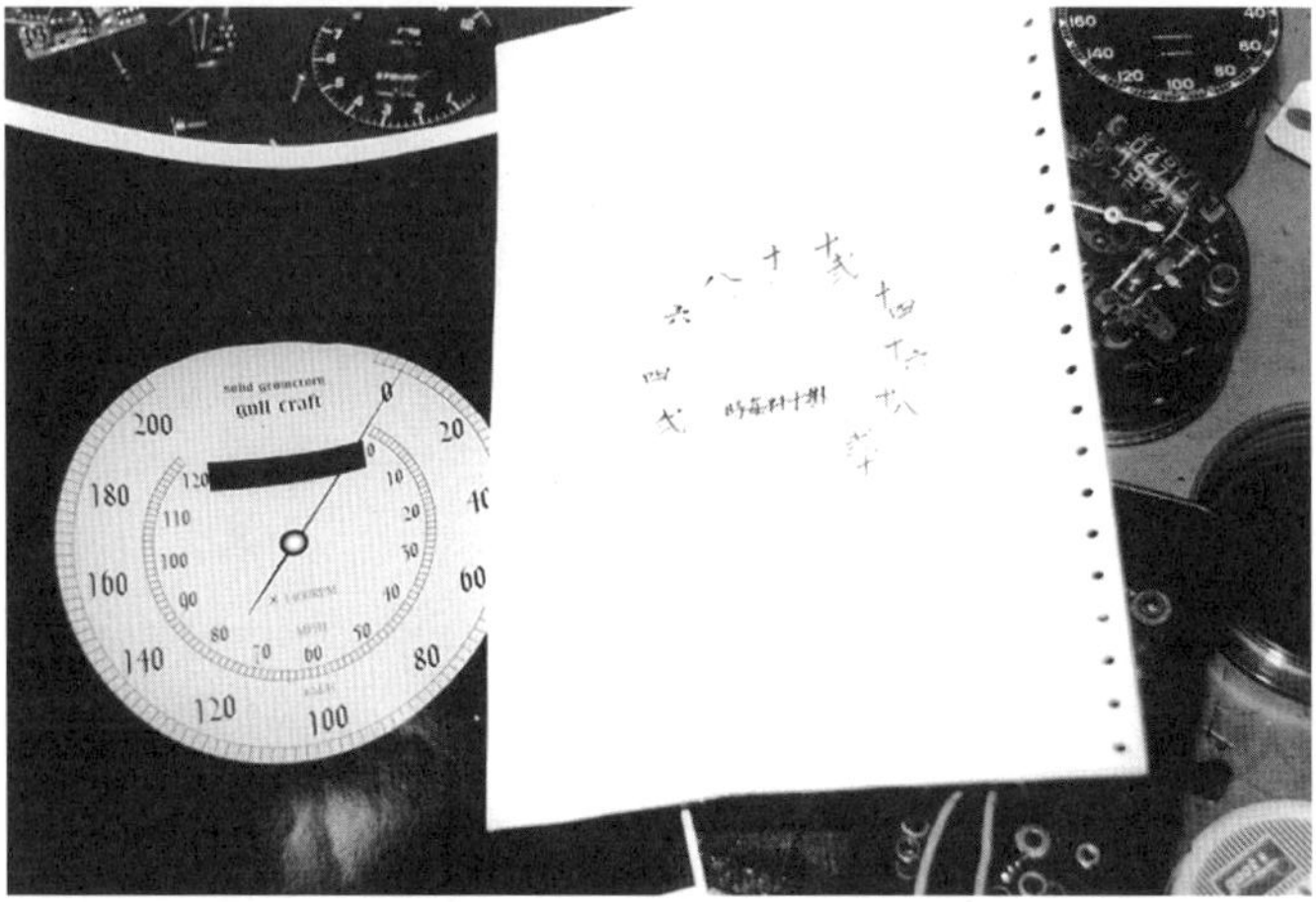

野尻久男（のじり・ひさお）さん
1949年、東京都大田区生まれ

株式会社 日本計器サービス

代表取締役

野尻 久 男

〒一五八ー〇〇八一
東京都世田谷区深沢五ー三六ー九
TEL 〇三ー三七〇四ー三一七三
FAX 〇三ー三七〇四ー三二一九

第5話　消防士、転じてアルピニストとなる

加藤哲男さんをみていると、本当に好きなんだということがダイレクトに伝わってくる。小生などと「同類」だということが、もう感覚的にわかってしまう。もちろん本書に登場いただいた方はみなさん筋金入りの「好きを仕事にする」ひとたちだが、それでも仕事にしてきただけに、ある種好きが表面にはでてこない、こさせないようにされている場合が少なくない。それなのに、加藤さんは無防備なほど好きそうなのだ。まるで、「宝物」をいっぱい持っているガキ大将が、仲間にどーだ、いいだろうと見せびらかしながら、少しずつ分けてくれる、そんな感じなのだ。「メンコ」か「スーパーカー・カード」かなんでもいいけれど、とにかくそれがアルピーヌという本物のクルマに変わっただけ、である。

そんな加藤さんだから、至る所で独特の「趣味人」っぽさを感じさせてくれる。仕事でショップを営んでいるくせに、どこか売りたくなさそうなところがある。売るのが惜しそうなんだもの（笑）。そう訊いた小生に、こんなことをいったりするのだ。

「わたしに無尽蔵のお金があったら、全部自分のものにしておきたい。だってね、フランスから『掘り出し物あります』って連絡が入るでしょ。洋書などでみて欲しかったクルマ、それがいい状態で残っていて、それを手に入れる千載一遇ってチャンス。そんなのがいろいろあってようやく日本にやってくる。そんなクルマでも売らなきゃいけない。全部を持っておくわけにはいかないんだし、だいたいお客さんの依頼で輸入したりするんだから。わかっているけれど、わたしだってそのアルピーヌが欲しい。それはもう涙ちょちょ切れちゃいますよ。でも、お金を貰うと少し気持ちが収まるんですけれどね（笑）」

——でも加藤さんは本当はお金よりもアルピーヌの方がいいんでしょ。

「そりゃそうですよ。だってお金はみてるだけじゃ気分よくならないし、気持ちよく走ってはくれない……」

それにしてもアルピーヌというクルマはそんなに魅力的なものなのだろうか。加藤さんはいう。

「私にとってクルマは、コーナリング・マシーンなんですよ。いろいろ好みがあっていいじゃないですか。実用のクルマ、スタイリング第一のクルマ、高速でかっ飛ばすのがいいクルマ、持っているだけがいいクルマ、いろいろ、ね。で、私の場合、コーナリング・マシーン」

新しく移転した「t・d・f」(「ツール・ド・フランス」)とそのボス、加藤哲男さん。フランスの小さなスポーツカーに魅せられて10余年、飽きるどころか、思いはますますエスカレートしていく、という。新しいショウルームの中には、素晴らしい憧れのアルピーヌが収まっている。

なるほど。それにしても、まだ世の中にアルピーヌなんて数えるほどしかなかった時代に、クルマ好きになってしまったわれわれの世代からみると、アルピーヌ専門のショップなんて、その存在自体が信じられないような思いもあるのだ。アルピーヌが好き、といったところで、それは雑誌の中のスターというものであって、とても手に入れられるものではなかった。だいたいその当時、わが国に棲息するアルピーヌなんて、両手があれば数え上げられてしまうくらいのものだった。とても、その数台を相手にして、商売など成り立とうはずがない。

それなのに、加藤さんは好きなアルピーヌを手に入れ、それを仕事にまでしてしまったというのである。

それも、安定このうえなかった公務員の職を投げ打って、である。

勝算はあったのか？　不安はなかったのか？　なにが拠り所だったのか？　そのとき御家族は？　訊きたいことが一杯で、腰を落ち着ける間もなく、話しはじめてしまっていた。

フランスの小さなスポーツカーに至る道程

――アルピーヌというクルマは、ひとつの尖った先にある、究極のクルマだと思うんです。クルマ趣味の遍歴を辿って、最後にそこに行き着くような。加藤さんも、いきなりアルピーヌというわけじゃないでしょう？

「ええ、もちろん最初はとても自分のものになるとは思えない、別世界ののりものでした。実は、さっきコーナリング最高、っていったでしょ。それを最初に教えられたのはロータス・ヨーロッパなんです」

――えっ、ヨーロッパ？　それも意外だなあ。

「そうですか。結構気に入って乗っていましたよ。1台はいまも持っていて、そのうちいずれレストレーションして乗りたい、と思っているくらいで」

――そもそもクルマとの馴れ初めがヨーロッパだったんですか？

「いや、まだ前があります。だいたいが二輪からはじまっていまして。もちろん子供の頃からクルマが好きだったんですが、もうひとり小学校の時の同級生で、めちゃくちゃ詳しいクルマ好きの友人がいましてね。彼は雑誌その他でいろいろ情報を仕入れてきては、私に吹き込むんですよ。ですから、彼とふたり、知識だけは豊富な子供だったんです。実は、アルピーヌの名前も彼から受け売られたような……」

――多くのアルピーヌ愛好家がモータースポーツ、つまりは「モンテ・カルロ」などラリーでの活躍をみて、憧れを抱くところからはじまるんだけれど、加藤さんはそうではなかった。

「もちろんラリーの活躍は知ってはいましたよ。でも、それはいまF1の実戦マシーンが欲しいというようなもので、親近感などまるでなかった。凄いなあ、はあるけれど、欲しいなあ、なんて全然思わなかった」

――二輪少年の加藤さんが四輪に至った最初は？

「それがなんとビートル。またむかし話になってしまうんですけれど、クルマ好きの友人のほかにもうひとり、クルマ好きの先生というのもおりまして（笑）」

――なんとも恵まれた環境で……

「その先生がビートルに乗っていまして、いいクルマだぞぉー、なんていうわけですよ。免許を取って最初のクルマは、まんまとビートルになっちゃうんです。訳も分から

ロータス・ヨーロッパとVWビートル。唐突にこの写真はなに？　そう思われようが、実は加藤さんのクルマ遍歴の中の2台なのだ。「最初から、ちゃんとリア・エンジンのクルマを選んでいる（笑）」と。ヨーロッパはいまも残されて、いずれレストレーションしたいと。

ず買った最初のビートルは１２００だったもので、遅い遅い。それで１６００に乗り換えて……」

――じゃ、ビートルも満更ではなかったんだ。でも加藤さんにビートル、似合わないなあ（笑）。

「でも、最初からちゃんとリア・エンジンのクルマを選んでいる（笑）」

――そうかそうか。で、ビートルからアルピーヌにはどう結びつくんだろうか。

「ビートルの正常進化はやはりポルシェ。深く考えることもなく、次はポルシェ９１４がいい、いや９１１が欲しい、なんて夢をふくらませるわけですよ。でも、そのうち例のコーナリング信奉がはじまりまして、雑誌なんかで知識が増えていくうちに、ポルシェはちょっと違うぞ、と。そんなときにロータス・ヨーロッパに乗せてもらう機会があったんです。なにしろ軽い、ダイレクト、しかもコンパクトで取り回しがいい。それで早速……」

――いいとわかると、すぐ手に入れてしまう？（笑）

「そうです。しかもこれまた２台乗り継ぐんです。すぐ手に入れないと気が済まない、というのは性格もあるんでしょうけれど、実際所有してしまうというのは、なににも増して確かなことです、なにしろ自分で確かめるんですから。相応の『勉強代』は掛かりますけれど、あながち損をしているというばかりじゃないんだな」

——なんともはや。凝り性というべきか、懲りないひとというべきか。でも、ロータスとアルピーヌって、趣味のクルマとしては「好一対」といった感じがあります。加藤さんからみると同じ種類のクルマになる、それとも全然違うクルマ？

「ロータスとアルピーヌは似て非なるもの、でしょうね。好き嫌いは別にして、ロータスは線が細い。ひと言でいっちゃうとサーキットしか走れないロータスと、ダートで強いアルピーヌ、って感じですかね。両方とも軽くて、メカニズム的にも、会社の成り立ちも似ているんですけれど、狙っているものは全然違うと思いますよ」

——なるほど。で、加藤さんがヨーロッパからアルピーヌに宗旨変えをするのは？

「そう、アルピーヌってコーナリング・マシーンとして最高かもしれない、という気がしたとしても、いまから10年以上前だと、ほとんど確かめようがありませんでした。だって、まだアルピーヌなんて数えられるほどの数しかなかったし、買いたいと思っても売りにでているアルピーヌなんてほとんどない、情報もない、ないないづくしだったんです。当然、試乗なんてできる状況ではなかった。

それで、まずは自分で所有してみなくちゃ、というういつもの調子で、まずは入手できたアルピーヌA310を買っちゃうんです。ええ、4気筒の」

——なるほど。まあメカニズム的には、A110-1600SCと共通する部分も少なくないから……

「そう、スタイリングを別にすればね。アルピーヌの基礎知識は充分学べましたね。それで念願だった1600SCに乗り換えることになります」

——加藤さんのようなひとが、念願のクルマを手に入れたファース

ロータスとアルピーヌ。ともにクルマ好きには究極のアイテムのような2台だが、実際に所有してみると、まったく性格の違うものだということが分かるという。写真は松平秀之さんのもとにあった2台。

ト・インプレッションってどういう感じだったんだろう？

「いや、先にA310でわかっている部分もあったんだけれど、やはりA110はいいぞ、と。本当に手に入れてから何カ月間だろう、毎日、日課のように走りにいきました。走ることそのものがとにかく快感でもあるんですが、走るたびになにかが変わっていくんですね。腕が上がっていくような気にもなりましたし、足周りなど手を入れれば入れたのがかえってくるんですね。ちゃんと体感できる、それは凄いと思いました。アルピーヌの資質ですね。奥が深いこともわかったわけですよ」

——なるほど、それでもうこの先ずっとアルピーヌでいこう、と。

「本当にばっちり合っちゃっている感じです。だって飽きないどころか、どんどん深みにはまっちゃっているくらいですから」

多くのクルマ好きの憧れ、アルピーヌA110ベルリネット。アルピニストたちの間では、スウィングアクスルの「1600S」(上)か後期のウィッシュボーン・サスの「1600SC」(下)かで好みが分かれるという。「フレンチ・ブルー」カラーとランプ、ステッカーは「お約束」。

趣味のクルマを仕事にしてしまう

——その加藤さんは、クルマは趣味として残しておいて、公務員になるんですよねえ。でも、なんで消防に入ったんですか？

「なんで？　って。えぇーっ、なんでっていわれてもなあ。何故かなんて考えたことなかった……」

——じゃ、順を追って、いくつの時なんですか。

「いや、学校出たときのことですが、近所に街の有力者っていうひとがいましてね、おい、ぶらぶらしているなら消防に入れ、って。

さっきもいったように子供の頃からクルマ、バイク大好きでしたでしょ。16歳で早速二輪小僧だったわけですよ。そんなのを見ていて、少しは規律正しい道に入れ、ってことですかね。

消防って気をつけ、1、2、3ってやるの？　っておそるおそる訊いたら、それがいいんだ、っていうんですからね（笑）。鍛錬になるとかいってね」

——これだけ個性派の加藤さんに普通の消防士が勤まるとは、とても思えないんだけれどなあ（笑）。

「いや、ちゃんとやるときはやる、と。夜勤などがある代わり、その分、休みもある。あいた時間を使って、アルバイトのようにクルマをいじっていたんです。ええ、友人たちから頼まれて。もう自分のクルマをいじり倒していたんで、普通の乗用車なんかチョイチョイ、ですよ」

——結構楽しく趣味と実益と仕事とを両立させていたんだ。だったら、なんで消防をやめたんですか？　一番訊きたかったのはなんで公務員を辞めて、アルピーヌなんて尖ったクルマの専門ショップを開こうと決心したんだろ。安定した職を辞めてその正反対の方向に行こうとしていたんだから。不安はなかったのか、決心はどう付けたのか？その辺りをぜひ訊いておきたいんだ。

「困ったなあ。なにか自然にこういう風なかたちになったんで、必死に考え抜いて、とか、悲壮な決意とともに、というのではないんですよ。さりとて緊張がなかったわけじゃないんですが、うまく説明できない」

——ある日突然思い付いたの、それとも……

「20歳代の後半から、いつかはやってみたいという気持ちはありました。好きなことを仕事にしていきたい、とね」

——でも、それが行動に結びついたのは……

「わたしは人生60年と決めていますんで、30歳を過ぎて40歳が近くなるにつれて、あと残りは20年しかないぞ、と自分を追い込んで。公務員は自分でなくてもできるけれど、アルピーヌはそうはいかない……」

——これだけ情熱を込めてアルピーヌをみてやれるのは自分しかいない、と。

「そんな気概よりも、とにかく好きなことをしていきたい、アルピーヌのことだけをしていたい、という自分の気持ちの方が強かった……」

——でも、そうは思ってもなかなかそれを実行できるひとは少ない。辞めるとき、アルピーヌで食べていけるか、なんて計算はあったんですか？

「いや、全然。そういうのはあとからついてくるもんだ、と。……うーん、われながら恰好いいなあ（笑）」

——だって、もう御家族もいらした……

「ええ、子供もいましたからね。でもオレの人生はオレが決める！　と」

——おお、素晴らしい！

「いや、実際には前からアルバイト的にクルマをいじっていましたから、本業に出勤しなくてよくなった、その分本業からの収入がなくなった、それだけのことで」

——簡単にいうなあ。その部分で飛び出したくても飛び出せない、好きなことを仕事にしたくてもできないひとがいっぱいいるのに。職を捨てて独立するという悲壮感がない。ま、それも加藤さんらしいというか。

「最初は自分の家ではじめようと思ったんです。ええ、できるだけ初期投資も抑えようと、そういう意志はあったんですよ。で、庭にガレージ兼工場をつくろうと建築許可まででていたときに、近くにあった会社が新社屋に移って、場所があくっていうんで、そこを借りてはじめました」

——最初はどうだったんですか、立ち上げの苦労とか……

「いや、おかげさまで、お客さん、まあ同じアルピーヌ好きの仲間みたいなものですけれど、彼らにはずいぶん助けられました。ショップをはじめる前から、変わらず来てくれましたし。知識もいろいろ教わりましたし。

そこで8年、どうしても手狭になって、ここに越してきたんです」

ショップの中には、所狭しと、加藤さんが趣味で仕事をしている（?）証拠のようなグッズが並ぶ。アルピーヌが好きで、ルノーが好きで、そしてフランスが好きだということが、このコレクションからひしひしと伝わってくる。同好者は、もう目が奪われっぱなしだ。

――手狭になったというのも、商品だけでなく、加藤さんのコレクションが増えて収納しきれなくなった、という方が大きいんでしょ？　ま、とにかく「t・d・f」は加藤さんが好きでやっているのがよくわかるもの。

「……（笑）」

――加藤さんの知識も凄い。それも好きこそ、って感じがある。

「8年間ショップやって、ようやく少し人に言えるかな、って。そういうことからいうと、最初はまったく怪しいもので。それでもほかに詳しいひとがいなかったから、アルピーヌってクルマは（笑）」

――以前、「オタッキー・アレック」の話を聞かせてもらったんだけれど、もう一度詳しく訊きたい。

「その頃のお客さんのひとり、アレック・デイヴィスって英国人がいましてね。いや、ここをはじめるより前に、アルピーヌのことを少しでも知りたいと思って、世界各国のアルピーヌ・クラブに入ったんです。そのひとつ、英国のアルピーヌ・クラブにいた彼が、日本に長期出張でやってきたんですね。コンピュータ関係の仕事をして、横浜で暮らすようになっていたんですけれど、ほとんど毎土曜日、欠かさずやってくるわけですよ。いろいろな資料をもって。その中には資料をもとに自分でまとめたのもあったり。彼のサジェスションは、本当に役に立ちました。

とにかく詳しいんだ。みんなで『オタッキー・アレック』、彼に分かるようにいうと『fanatic Alec』ですか（笑）、敬意を込めてそう呼んで、お客さんみんな頼りにしていました。たとえば、1974年式からのA110のドアハンドルはプジョー504のもので、インナーのウィンドウ・レギュレータはルノー17のだとか、そういったオタッキーなスペック調べは彼の独壇場。微に入り、細に入り。彼の入れ知恵によって分かったことが少なくありません」

――一方で、いろいろなアルピーヌを手掛けて実践で勉強しながら、一方でそうした耳知識も注入されるんじゃや、一気に加藤さんの知識も倍増する。

「結局、彼は4年間いたのかな。ウチにとってちょうど成長期というか、知識を蓄えていきたい時期に彼のようなひとがいてくれたのは、本当に幸運でしたね」

もちろん輸入し販売するのが仕事なのだが、加藤さん自身も素晴らしいアルピーヌのコレクションを持つ。ピンクの「アセプトジル」カラーの実戦マシーン（上）やわが国への輸入第１号車といわれる４人乗りＧＴ４（下、レストア前）など、貴重なアルピーヌばかりだ。

アルピーヌ好きは世界共通

——ところで、アルピーヌのひとって本当にそれ一途なひとが多い。飽きないのかなあ、って外野は気になったりするんだけれど、当の本人は飽きるどころか、時とともに深みに入っていく……

「それはアルピーヌの個性、という部分も大きいでしょうね。ひとつの究極、それでいて奥が深いんだもの。A110は飽きないですねえ。いや、ばっちり合っちゃっているみたいです、ぼくに。フランスが好きで、速いクルマが好きとなれば、もうアルピーヌしかないんじゃないですか」

——やはりアルピーヌが好きになると、自然とフランスも好きになるものなのかなあ。

「あ、僕の場合それは逆なんですよ。そうじゃなくて、A110より先にフランスが好きだったんですね。だって19歳の頃かな、本気でフランスに行こうかと思っていましたもの。絵描きになりたくて。お金がなかったから、まずウラジオストックにわたって、そこからシベリア鉄道でフランスに行けばいい、とか。真剣にプランを練っていましたよ。もう25年も前のことになりますけれどね」

――でも、そっちの道に進んでいたら、今の「t・d・f」はなかった。案外、絵描きになって、愛車がアルピーヌ、なんてね。

「いや、ホントにそうかもしれない」

――加藤さんが実際にフランスに行ったのは、アルピーヌを手に入れてからのこと？

「(笑)……いや新婚旅行が初めてのフランス、でした。12年前。飛行機おりたらもう全部フランスじゃないですか。おお、みんな外車で、って大興奮ですよ。10日間くらいだったかな。パーツリストのコピーをもって、レデレさん（アルピーヌの創始者。のちにアルピーヌ社をルノーに譲り渡して、ショップを出していた）の店にも行ったですよ。ところがそこはトラヴェラーズ・チェックが使えない。その日土曜日だったんですよ。銀行教えてくれっていっても、閉まっている。結局買えず仕舞で悔しい思いをしました」

――新婚旅行に名を借りた加藤さんのアルピーヌ三昧旅行。

「ええ、旅行の8割方はクルマ関係。いまだに騙されたっていっていますよ(笑)」

――でもそんな初フランスだったら、疎外感はなかったんですか。言葉も通じないとか、フランス人は不親切だとか。

加藤さんはフランスに出掛け、アルピーヌの生みの親、ジャン・レデレさんに会ったりもした（上)。フランス、英国など、世界的にアルピーヌを通じての友人も多く、仕事にも遊びにも有効利用されている。下は、そのひとつ、オーストラリアの知人のショップがつくった新車。写真：「t・d・f」。

「いや、それが全然。

その次にフランスに行けたのは、もう店をだしてから。たまたまフランスのクラブ誌を読んでいたら売買欄によさそうなA110の1600SCが出ていた。コンタクト取ったら、相手は生真面目なひとで、写真やリストを束にして送ってきて熱心なんですよ。それで、見に来ないか？　って。来ないかったって、ねえ、フランスですよ。

彼の住んでいるのはアヴィニヨン。地図で見たらパリとは遠い側の端の方じゃないですか。結構遠いなあっていったら、パリから飛行機でマルセイユまで来れば、迎えにいってやるよ、なんていうんですよ。じゃ、初めてのところだけれどいってみるか。それで行って、1週間ホームステイですよ。すっかり仲良くなっちゃった」

——いい度胸だ。通訳いないんでしょ。

「うんそのオヤジも少し英語ができる、わたしも少し、それでも同じクルマ、同じアルピーヌが好きというのは、すぐに意気投合できちゃう（笑）」

——ま、そういう感じでどんどん友達増えちゃう。いろいろ仲間もショップも増えて、人脈ができたというわけですね。ところで、海外のアルピニストっていうのはどうなんだろう。結構マニアックなのかなあ。

「ええ、洋の東西問わず、アルピーヌというクルマはそうさせるところがあるみたい。アルピーヌ一途なのも同じで。特にフランスのひとは、アシは決まってルノー。ルノーだらけの中にアルピーヌなんていうのが多い。

英国もそうだった。アレックに誘われて、WRCを見に行ったこともあるんですよ、英国に。そのときも、英国のアルピーヌ・クラブの副会長宅にホームステイ。その家は凄い。アシがルノー16、それもエステート。息子はルノー・フェーゴにウエーバー・キャブかなんかつけて、カリカリにして乗っている。家のクルマはルノー8ゴルディーニ。そこにアルピーヌ1600SXがあるんだから。

家には離れがあって、エンジン・ハウスって呼んで、エンジンやギアボックスなどスペアパーツをいっぱい置いているの。凄ぇーなあ、って」

——だめだよ、われわれ日本の住人は家と土地の話はするだけつまらなくなる。

「その通りですね。持っているクルマは凄くても、それに相応しいガレージまでは手が回らない(笑)。

そのほか欧州で知り合ったオーナーはねえ、そう、アルピーヌばかりたくさん持っているひとがいるとか、1300VCにルノー5アルピーヌのエンジンをカリカリにチューンして150PS以上にして乗っているとか、面白いひとがいっぱいいますよ。

さっきもいいましたけれど、いくとどこでもすぐ意気投合。やはり、同じものが好きというのは、いいなあ、と」

――むこうのショップ、アルピーヌは専門のショップが多いのかなあ?

「ええ、やはり専門店。せいぜいゴルディーニとアルピーヌといった感じで、専門化していますね。そう、アルピーヌ、とくにA110は全部で7500台くらいつくられていますけれど、フランスに5社くらい、英国、ドイツに2社、あとベルギー、オーストラリア、そして日本にアルピーヌ専門ショップがあります。まあ世界中にそれくらいのマーケットはある、と」

――とりあえず「t・d・f」はここまで大きく発展している。加藤さんのアルピーヌ好きもこのままエスカレートする一方で、最終的には「私設アルピーヌ・ミュージアム」しかないですね(笑)。

「そんな気ない(笑)、そんな財産もない。自分のアルピーヌもだし、仲間のもだし、とにかくいい状態でずっと維持していきたい。それだけですよ」

――好きなんだなあ、まったく。加藤さんは「好き」がそのまま「仕事」になってる。

加藤哲男（かとう・てつお）さん
1954年、神奈川県生まれ

TOUR DE FRANCE LTD.

有限会社　ツール・ド・フランス

代表取締役　加藤哲男
KATO　tetsuo

TEL:0465-81-4811
FAX:0465-81-4696

〒259-0145 神奈川県足柄上郡中井町田中1098

1098 Tanaka Nakai
Ashigarakami-gun
Kanagawa
259-0145 JAPAN

第6話　ポルシェ「パラノイア」養成所

「パラノイア」、辞書を引くと味も素気もなく無慈悲にただひと言、
《精神分析》偏執病。

それだけしか書いていない。いってしまうと「アブナイ」ことばなのだが、それをまたショップの名前にしてしまうのだから、それだけでも「現代っ子」、われわれの世代よりひと周り若いオーナーが想像できてしまう。

しかし、「パラノイア」のボス、清水郷志さんは確かに1963年生まれと若いのだが、その気概というか心根というか、とにかく気持ちは充分に「旧人類」なのだ。それで、初期型のポルシェ911を得意として、それにこだわっている。加えて、こういうショップのボスには珍しく、頭の回転が速い(いや、ほかのショップのボスが頭が悪いというわけじゃないですよ、為念)ひとである。一流の音楽家、というこれまた珍しい経歴を持つ。

とにかく会って話をするのが楽しみで、相変わらず看板も出していない「隠れ家」のようなショップへと、いそいそと出掛けていったのだった。

捜してきてもらえるショップ

「いまの場所に越してきたのは5年前かな。むかし駐車場に使っていたところで」

——相変わらず、看板も出てないんだけれど、それがかえって好き者のショップって感じがするよね、客に捜してもらう店。

「そーなんですよね。穴蔵みたいなところですよね」

——でも、海外でもそうだけれどさ、こういう店ってマニアの嗅覚で捜してもらう店だよな（笑）。

「ええ、キラキラきらびやかに派手な店がいいショップってわけじゃない。派手じゃない方が、馴染んでくださるお客さんには大事にしてもらえそうで……」

——それは「趣味人的極意」その10くらいだな。

「逆にうちのスタイルとして、そんなにたくさんの不特定なお客さんに来てもらうのがいいわけでもないし」

——そう、逆説的に聞こえるかもしれないけれど、ポルシェってやはり選ばれたひと

パラノイアには看板がない。もちろんその雰囲気からして、ポルシェ専門のショップだということは分かるのだが、なんとも大胆。ボスの清水さんにいわせると、「捜してきてもらえるショップ」がひとつの理想だ、と。確かに趣味的なショップはそれもいい。

に乗ってもらうクルマでしょ。もちろん企業としては、1台でも多く売りたいんだろうけれど、じゃ、誰でも乗りやすいポルシェがあったら誰もが乗るかというとそうはいかない。むしろ、熱心なひとはポルシェから離れちゃったりする。最近の新車もそうだけれど、こういう個性の強いクルマは、その辺の頃合がむずかしい。

「ええ、だから少なくともウチくらいのキャパシティの店は、限られた熱心家を相手にしていける。だったら、指針は変えないでいこう、と」

――そういう「パラノイア」はもう何年になる?

「数えてみるとなんと、10年ですよ、10年。早いもので」

――ずっと、旧めのポルシェばかりをつづけて……

「そうですね。それが中心です。お客さんもずっとというひとが半分、新しく飛び込んできてくれるひとが半分、ってところですかね。まあ、世の中不況だのバブル弾けただのいいますけれど、好きなひとは好きにやっていますからね。

たとえばウチのイヴェント、年に2回、サーキットを借り切ってするんですが、スキッドパッドを体験したり、そのあと走行会したり。ポルシェの本領を発揮できるメニュウで実施すると、だいたい50台くらい集まるんですよ、毎回。好きなひとが好きにやっているのと同様、世間とは別に好き勝手にやらしてもらっている、という感じですよ、ウチは」

——でもそれは案外正解だよね。好きなひとが「清水組」で集まって遊べばいいんで、それを「全日本ポルシェ・オーナーズ協会」みたいにくくろうとするから、シワがよっちゃうんだよね。

「基本的にお客さん優先、でね。でもお客さんと考えていないんですけれどね。そう、仲間なんですよ、ウチの場合は」

——そう、そこそこ！　ショップってホントはお客さんの仲間、いや「知識豊富な先輩」がショップのボス、というところがよかった。そうして「専門ショップ」は仲間の溜まり場、もっといってしまえば趣味の刺激の場、教育の場だったと思うんだ。

それがいつからか、一部のショップは「お客と店」って関係になって、なにか「駆け引き」の場になってしまった。

「そうですね、それはわかりますよ。ウチは昔ながらの、そういうショップの基本を守っていきたい、と考えているんです。好きではじめたショップで、儲けなきゃを前面に出してしまったら、最終的には好きとぶつかって、なんのために出したショップかということになってしまう。やはり、お客さんと同じ好きというスタンスで仕事したければ、同じ価値観になるしかないですから」

——同じことが雑誌にもいえて、ね。専門誌って読み手の味方、というか同じ価値観の編集者がつくるものだった。

「それがいまは広告主の味方のようになっている。2ページの広告主の方が、半ページの専門店より『いい店』になっちゃうんですよね（笑）」

——そうそう、いかんよね。

「結局『お金』がその価値のすべてみたいになっているからですよね。思うんですけれど、お金って絶対的な金額、つまり高い安いじゃなくて、払いたいか払いたくないか、でしょ」

——その通り。ヴァリウ・フォー・マネーかどうか、もっといってしまえばヴァリウ・フォー・マインド、つまり自分が満足できるかだけだよね。

「よくショップに騙されたとかいうひとがいますよね。でもよーく見ていると騙させているってところがある。ショップの側からみると勉強全然していないいんだもの。そういうひとに限って高い買い物をしたがる……（笑）」

――そういうひと、困るでしょ（笑）。

「そうなんですよ。根が正直なものだから（笑）。騙しちゃいけない、でも、高くて派手なクルマの方を欲しがってくれる。いや、こっちのベイシックなモデルをとりあえず買って、ポルシェに馴れてから買い換えれば高性能車の真価がより理解できますから、って薦めても、いきなりターボの方がいい、ってきかない（笑）。売りたくないような素振りを見せれば見せるほど、初心者はそれを欲しがる……」

――わかる、わかる。逆にほんとに好きなお客さんというのも見抜けちゃうでしょ。ボスと波長が合っちゃうんだから。

「ええ、直感的にわかることがありますよ。そう、雑誌なんかみていてもね、ものを書いている評論家が好きで書いているかどうかって、解るものな。なにか文章の間に滲んでいるものを嗅覚でかぎ取ってしまう、っていうような」

――われわれがはじめた頃は、先輩も仲間もみんな好きだけで仕事していた。雑誌編集者なんて「好き」が先で、それが一所懸命編集を勉強して、雑誌つくっていたものなあ。最近はクルマに乗りたがらない編集部員も多いって訊くよ。クルマが面白くなくなったのかなあ。

「ポルシェなんて、最初に乗ったとき、誰？　こんな凄いクルマつくったの、これ買えたらどんなに幸せだろうって。本当に感動だけだったですよ。

これが買えたらどんなに幸せか、ってことはなにもお金、購入資金ができるかどうかということだけじゃないんです。乗りこなせるようになりたい、維持していくためのノウハウを知りたい、それこそポルシェに似合うドライヴァになりたい、までいっちゃうんです、自然に。

でも考えてみると、最近は運転がうまいこと、乗りにくいクルマを乗りこなす愉しみ、そういうことが面白い、クルマの魅力のひとつだと誰もいわなくなりましたね。まるでクルマを買うまでが楽しみみたいですよ」

——それも雑誌が悪かったりする。

「さっきの話のつづきになりますけれど、『パラノイア』のイヴェントにでて、コース走ってみると、あいつより速く走りたい、もう1秒縮めるにはどうしたらいいか、あのコーナーを気持ちよくクリアしたい、ってどんどん走る愉しみが湧いて、追求したくなってくる。それは、クルマの魅力を引き出すという点で重要なことだと思うんですよ」

——そう、とくにポルシェのようなクルマは。

「街中を走っているだけじゃ普通のクルマ、いや、うるさい分並み以下のクルマかもしれない。ポルシェの真価はやはり全力疾走してみないと。

それとずっと思っていたことなんですけれど、最近妙ですよね、この国は。みんな優しくなっちゃって。ほら小学校のかけっこでもビリをつくらないっていうじゃないですか。ひとを負かすなんて流行らない。でもポルシェは基本的に人並みはずれたクルマなんですよね。人並みはずれている分、価格も高いんだし、乗り手を選ぶ。それが嬉しいから本当はポルシェを買うんでしょ、みんな。

日本って変な国ですよね。日本人はみんな安穏とすることを望む、とか。そういうの引っかきまわしたくなるですよ。だからね、結構さがしていますよ、そうでないヤツ」

――ポルシェなんて、年間数百台も売れればそれで充分。だいたい多すぎるんだよ、ポルシェもフェラーリも。

「そう！　多すぎる。好きなひと、ホントに好きでしょうがないひとだけが乗っていればいいんだ。そうすれば、ポルシェも誤解されなくてすんだのに。そう、無理矢理水冷にならなくてもすんだかもしれないのに（笑）。

訊いて下さいよ、19歳、高校生っていうのが2人、『パラノイア』の常連のようになって遊びに来ている。ポルシェ予備軍としてね。嬉しいでしょ」

——おっ、いいですねえ。うまく導いてやって下さい。遊び方を知らない、若いコが溢れている。われわれもいってみれば先輩の後ろ姿を見、いろいろ教えられて趣味の道を歩んできたんだから。順番として、清水さんもせっかく好きで仕事しているんだから、後輩を育てる義務がある（笑）。

「ははあ、承りました。きっちりパラノイアに育ててみせますよ（笑）」

旧いポルシェ911にトランペットが乗っていた。単なるディスプレイではない。実は、「パラノイア」のボス、清水さんはそちらの世界では有名な音楽家であった。

音楽家のはずが「パラノイア」となる

——ところで清水さんはこの道に入る前は「ラッパ」だったんだよね。前にちらりとそんなことを訊いていただけだから、今日は詳しく訊いちゃおうかな。

「クラシックの音楽家なんです、実は。子供の頃から本当にこれでメシを喰いたいと思っていました、トランペットで。ぼくはなにしろひとに喜んでもらいたい、それが一番幸せな変わった子供だったんです。近くのお肉屋のおばさんにうまいわね、なんていわれちゃうと、もうそれだけで本気になっちゃうような」

——ふーん。じゃ小さい頃から？　学生時代からもう一線で活躍していた、って訊いたけれど。

「学校はS学園の音楽科を出ているんです。子供の頃からといっても、専門の先生について本格的にやっていたわけじゃありませんから、いきなり高校でそこを受けて。ええ、気分はダメもとですよ。なにしろピアノもやったことなかったのが、必死で一曲だけ覚えて。それはもう一世一代の努力でしたけれどね（笑）。

で、無事受かって、そこからが本格的なはじまりですね。そのままずっと。18歳の時にヨーロッパに演奏旅行がありまして、そのときにドイツで、その道では超のつくような有名なお師匠に出会うんです。その人に個人レッスンをそのあと受けることになるんですが、そこでポルシェにも出会っちゃうんですね。ええ、お師匠が乗っていたわけですよ。これがまた恰好よかったんですよねえ。これだ——って」

——それはいつ頃の話？　ポルシェは何年式だったんだろう。

「忘れもしません、1971年、2・2のポルシェ911ですよ。ぼくは年齢的にはスーパーカー・ブームの洗礼を受けているんですが、おどろおどろしいスーパーカーに較べたら、庶民的というかカエルみたいな顔つきのポルシェの方が断然よかった、というか自分に近い、似合っていると思っていました。だから、もうポルシェ一番、というのは決まっていたんです。その一番に本場ドイツで遭遇してしまう。またいいことを、そのひと、ラッパのお師匠がいうんですよ。ポルシェが解れば音楽の半分が解ったようなもの。ポルシェはドイツの心なんだから、みたいなことを」

——純情でいたいけな少年はすっかりその言葉にほだされて……

「そうです。音楽を勉強しにいったというよりも、ポルシェを教えてもらいにいったようなものでしたよ、結果的には（笑）。だって、隣りに乗せてアウトバーンなんかかっ飛ばしてくれちゃうんですから。もう別世界の体験をさせられたわけですよ。

結局1年ほどドイツにいまして……」

――すっかりポルシェ・パラノイアにかかって帰ってきた、というわけだ（笑）。でも、そもそもラッパの道に入ったのは？

「むかし話になりますけれど、ぼく、小学校の頃はいじめられっこだったんです、陰湿ないじめの。で、それが中学に入った頃にトランペットを吹くことで変わったんです。周りの見る目がね。それで、プロになりたいとまで決心してしまったんですよ。そのまいまだに吹いているんですけれど。まあ、努力すればできるんだ、と」

――実際にどういうところで。

「日本フィルだとか、東京交響楽団だとかの契約で。ほとんどの楽団に参加していました」

――それはおみそれしました。でも、ポルシェ好きの音楽家じゃいけなかったの？

「訊いて下さいよ。日本がちょうどときもバブル、『サントリー・ホール』のこけら落としですよ、忘れもしない。そのときにハタと考えたですよ。その日は何故か華やかな六本木のホールに入っていくのが、どことなく気後れしたんですね。楽団員はそういうところにも電車で行くんです、それくらい安いギャラなんですよ。日本で一流の楽団でラッパ吹いている、なんていったらポルシェくらい乗っているのが当たり前に思うでしょ。ところがとんでもない、100年ローンでもポルシェが買えないような給料だったんですから。

でもまあホールに入って、燕尾服に着替えて、演奏して、お客さんは喝采してくれるんですけれど、実は自分ではまだそんな大した表現力も持っていない。なにか周りの演出に踊らされているような気がしてしまったんですね、そのとき。自分の実力は自分が一番よく解りますから。それでなおいけないことに、その演奏が終わったらもう大拍手、『ブラボー』とかいわれちゃうんです。お客さんはタキシード着て、いいクルマで乗り付けるとか、運転手付きでお迎えとか。つくづく日本って変な国だなあ、と。

その瞬間に根底から文化意識が違う、と妙に醒めちゃったんです」

——ふむふむ。

「その時思ったのは、なにか副業というか、自分で自分をスポンサードできるようなことをせねばいけない、と。それで漠然と会社をつくって……」

——まだそれは「パラノイア」ではなかったんだ。

「そう、間抜けなことに、なにをしたらいいのか決まっていなかった。それなのに会社だけはつくった。だから訳も分からず、最初の頃なんて、知人に誘われてパワーボートに乗ったり、ね」

——えっ？

「パワーボート。世界選手権に出たんですよ、スーパー・ライセンスとって。でも自分が音楽家だったことから、やはり本気で好きでしていることかっていう部分が大切だっていうのは解っているわけですよ。心が入っているというか、コンセントレイションができているっていうか。そういうときのお客さんからの反応がやはり違うのも解っている。逆にその反応で自分がコンセントレイションできることもある。なるほど、聴いてくれるひとが育ててくれるんだ、ということも解ったわけですよ」

——なるほど。

「そうこうするうちに、ラッパ吹きには命、の前歯を折っちゃうんですよ」

——それはまるで神様の啓示だ、と。それで本格的に好きで「パラノイア」をはじめることになるというわけですね。もうその頃ポルシェには乗っていたの？

「ええ、もうとっくに。ドイツにいるときから、日本に戻ったら絶対乗るって決めていましたから、さっそくポルシェを買いましたよ。ええ、お師匠に教わったとおり、ドイツの心を理解するために（笑）。1970年の2・2でした。安月給ではあったですけれど、ぼくは16歳から演奏で稼いでいたでしょ。楽団で生活していない分、ギャラは全部小遣いにしていたから裕福でした。

で、ポルシェに乗ってみて、いろいろなことがわかったですよ。

そのひとつ。何故か日本ではポルシェは単なるお金持ちのクルマっていう印象が強く、好きで乗っているひとが少ない。これはおかしい！　このギャップを誰かが埋めなくてはいけない！　そんな大それたことを考えちゃったんですね（笑）。それじゃ自分で、ポルシェのショップをやろう、って。

幸か不幸か悩むより前に、29歳で歯を折って、それで『パラノイア』を旗揚げというわけです」

ショップにおけるお客とボスの関係

——要するに、トランスペット以外で打ち込めるものはポルシェしかない、と。でも、いきなりスタートしても、いわゆるスタートアップは大変だったでしょ？

「ええ、最初の頃は当然のように開店休業状態でした。まあそれでも246号線の街道沿いにポルシェばかり並べたものだから目立つことは目立ちましたね。前の道路が渋滞になったら磨きに出ていったりしてね（笑）。

名前が少し知れ渡った頃からようやく回転しはじめて。もう最初からこういう仲間意識、楽しんじゃおうという考えだったから、あまり深刻でなかったのがよかったみたいですよ。もともとぼくはそういう体質だったし、とにかくお客さんと楽しく、はじめから『人間主義』でいこう、と決めていましたから。つぶれそうなクルマ屋の若い奴がトレードされてきて、クルマ屋としてのノウハウは、彼から学びながら、ね。

でも最初に1台売れると嬉しくなっちゃってねえ。おっ、『ポルシェ・パラノイア』の仲間がひとり増えた、ってなものですよ。

「パラノイア」が催すイヴェント、清水さんいうところの「仲間の集い」には、新旧数多くのポルシェが集合する。下はポルシェ・ワークスの重鎮、ノルベルト・ジンガーさんと一緒に。「僕、案外ミーハーなんです（笑）」、と。1996年の「ル・マン24時間」で。

ポルシェに乗るひとって、やはり『文化人』ってところがあるじゃないですか。ステイタスシンボルだったとしても、それなりにある種『哲学』を持ったひとが乗るクルマって気がしたんですね。で、そういうひとたちとお近づきになりたい。貧乏音楽家として、その心を語れる場になれば、なんてそんな気持ちもあったんです。

そんなところから、なにか波及していって、世の中が少し変わるんじゃないか、と」

――半分は清水さん自身の「刺激剤」という部分もあったんだろうね。やはり、あなたはちょっと人並み越えた切れ者だもの。

「そんなことはないですが、でもポルシェ乗っている人は面白いひとばかり。いや、逆に面白くないひとはすぐにポルシェから離れていったりして、結局面白いひと、ポルシェと波長が合うひとが残ったってところもありますけれどね」

――わかるわかる。清水さんよりも個性強い猛者がいたものなあ。以前「パラノイア」に遊びに来たとき、たむろしているお客さんの個性派揃いに感心したもの（笑）。

「でもそれはお互い影響し合ってそうなった、といったところもあるんです。ぼくとお客さんが、ポルシェ911を間にして、ワイワイ好き勝手しているんですからね」

――でもそれが10年つづいているのが素晴らしい。

「クルマでもなんでも継続が命、と思っています。瞬間的な感動なんていくらでもできるけれど、それを持続することは凄いことですから」

――そう、継続していないと解らないこと、つづけているからこそ解ることっていうのがいっぱいある。

「そう！　その通りですよ」

――お師匠のポルシェじゃないけれど、彼だって長年乗って乗りこなしていたから、清水さんを隣で感動させられたんだ。そうだ、ポルシェに馴染んだひとは、ひとりが3人ずつ感動を与えなければいけない、これは義務だ！　そういう提案をしましょう（笑）。

「賛成。ぼくなぞ追い越しをするときでも、感動を与える追い越しをすることに、ものすごく気い遣っていますもの。格好いい！　さすがポルシェって思ってもらいたい。厳かに、ウジウジじゃなくて、スパーーンッって追い越していく。追い越された方も、いやー、ポルシェは格好いい！　自然とそう思える追い越し方」

――なるほど、それを懸命に修業している清水さんの姿が目に浮かぶ。

「ちょっと手なんかあげてね。音といい、後ろ姿といい、いいなあ、と思ってもらえるように（笑）」

――そうだよな、むかしわれわれもそういう抜かれ方をして、よおし、ああいう歳になったら、絶対抜く側にいくぞ、と。

「だから『ナロー』に乗っているときなぞは、ぴんと背筋を伸ばして。そうせにゃイカンのです」

――964かなんかのときは、エアコン効かせて、ティプトロでテレンコテレンコですか（笑）。

「クルマを愛好するものの精神、一般に対する布教活動というものですよ（笑）」

――音楽家としての文化論はクルマにも通用する。つまり、誰でも拍手してしまう日本の客はいらん、と。

「そうです、だからクルマを売ってどうこうではなくて、店として遊び方を教えたい。自分でもみんなと一緒に楽しみたい。いま流行りの言葉で、カリスマ・ボス？　いやそうはなりたくない。仲間、仲間なんですよ、究極は。生まれながらのサーヴィスマン。もうひとが喜んでくれればそれで満足、可愛いよなあ、ぼくも（笑）」

――いいひとだけど、それを自分でいっちゃあいけない（笑）。

このひとは若いけれどもわかっている。話が切れ味鋭い。清水さんと話していると、階段を二段飛ばしで駆け上がっていくような速さがあった。それはまるで佳き時代のポルシェ911のようだ、というのはこじつけが過ぎるだろうが、でも本当に、この世代のショップのリーダーになってもらいたくなるような、ひとつの見識を身につけているのが頼もしい。それでいて、それを表に出さないところが、清水さんの世代、なのだろうか。

ちょっとつかみどころがないけれど、このひとだったら騙されてみるのもいいか、そんな気にさせられる、アブナイひとでもあった。彼の後ろ姿をみて、若いポルシェ・フリークが育つことを楽しみにしたい。

清水郷志（しみず・さとし）さん
1963年、神奈川県川崎市生まれ

FUNNKY PORSCHE SHOP
PARANOIA
〒227-0064 横浜市青葉区田奈町13-1
フォレスト 1F
phone 045-984-5911

代表取締役
清 水 郷 志

第7話　永遠のスーパーカー少年

フェラーリを13年掛けて直した

小暮さんと小生が知り合ったのは、1台のフェラーリを介してであった。いや、正しくいえばフェラーリではなくてディーノ、ディーノ308GT4である。1台のディーノを、小暮さんは13年かけてレストレーションした。できるところはすべて、自分で手を下した。だから13年という年月が掛かったわけなのだけれど、逆にそれだけの時間、小暮さんは充分に愉しみ、そしてなにものにも代えられない「勉強」の時を過ごしたのであった。

その完成を真近にした10年ほど前に知り合ったとき、小暮さんはタイヤ販売ショップに勤務していた。フェラーリはあくまで個人的な趣味としての活動であった。

その小暮さんが独立して「Tタック」というショップを開いたのは、実はようやく2年目に突入したというくらい、今回訪ねたショップの中では飛びきり年数は浅い。でもそれは単にショップを開いてから、というだけで、実はフェラーリ、スーパーカーに恋い焦がれて20年、どちらにせよフェラーリなしの生活は考えられない小暮さんなのだから、キャリア的には「この道ひと筋」の感が強い。

ところで、フェラーリ持ちというと、ある種独特のイメージを持ってしまうひとがいる。いや、事実そのイメージ通りのフェラーリ・オーナーもいたりするから、あながちそのひとを責めるわけにもいかないのだが、ここではっきりと、そうでないフェラーリ愛好家も少なからずいることを説明しておきたい。

フェラーリはいうまでもなく、クルマのひとつの頂点に存在するブランドである。本書で採り上げたモーガンやホンダ「エス」などより遥かに分かり易い頂点である。だから、いきなり「一番」のクルマが欲しい、そのためには予算は問わない、などというひとにもフェラーリは持たれるだろうし（また最近のフェラーリは、そういうひとにも扱えるだけの完成度を持っているから始末に悪い）、さらには分かり易い「一番」の持つ効果を狙ってフェラーリを持つひともいる（投機目的のF40などは、そのいい例だ）。

だが、一方で純粋にクルマが好きが煮詰まっていって、フェラーリに到達したひとも少なくない。だってクルマ本来の魅力である速く走れて、美しいスタイリングで、それで何物にも代え難いブランド・ヒストリイを持って……と手繰っていくと、どうしてもフェラーリに行き着いてしまうではないか。フェラーリのことになると、いまだに少年のように目を輝かせて話す小暮さんは、むろん後者の代表のようなひとだ。

上が小暮さんの新しいショップ「Tタック」。弟さんの家の裏庭、まさしくバックヤード・ショップである。フェラーリも扱えば、こうして商用ピックアップのタイヤ交換もする。「好き」と「仕事」を一緒にしている感じだ。ショップは新しいが小暮さんとフェラーリのつきあいは20年が近い。

さて、小暮さんのショップはとんでもないところにある。この日も東京からのお客さんがひとり、フェラーリ365GT4BBを引き取りに見えていたが、ここに来るには、首都高速から東京外環自動車道を経由して関越自動車道に入る。東松山でおりるのだが、ここまでで道半ばといった感じ。ここから熊谷駅前にでて、道はどんどん人里を離れていく。のどかな田園風景に、道を間違っているのではないかと心配になった頃、本当に久々に現われた信号の先を左折してもう一度右折。すると、普通の家の前にタイヤが積まれ、「クロモドラ」のホイールが。ここが「Tタック」の入口。えっ、そこには門柱があって「小暮」と表札も掛かっているのに。裏庭のガレージ、そんな感じで「Tタック」はあるのだった。ただし、「小暮」と表札はあるが、それは「Tタック」のボス、小暮高夫さんの家ではなく、弟さんの家。そのバックヤードを借りて「Tタック」はスタートしたのだった。

——なんの話から訊こうかなあ。フェラーリ話もだし、ディーノのレストレーションもだし、そんなことより「好きを仕事」にしていることも訊かなくちゃならないし……

「おかげさまで、ショップ『Tタック』は1998年にオープンして、ようやく2年が経とうとしているところです。とくに大きな変化もなく、毎日追われるように月日が過ぎていくと

コンテナのガレージの中にあるフェラーリ。上はレストレーション途上のディーノ308ＧＴ４。小暮さんが13年掛けて自分の手でレストレーションした経験を買われて、お客さんに依頼されたもの。下は、郵便用幅広コンテナに収まったフェラーリ365ＧＴ４　２＋２。

いった感じなんですが、隣りに駐車場とガレージをつくりまして」

そこにフェラーリが何台かあるというので早速案内してもらうと、空き地にいくつかのコンテナが並んでいる。そのひとつを開くとイエロウのレストレーション途上のディーノ308GT4が収まっていた。自身のディーノにつづいて、依頼されて徹底的なレストレーションを行なっているところだという。「これは10年は掛かりませんよねえ」と、笑うと「そんなこと、オーナーが許してくれませんよ」と笑顔が返ってくる。隣の扉の中には、フェラーリ365GT4　2+2。「アズール」と呼ばれる水色のボディは薄く埃を被っているが、「無理に拭いて、塗りあがったばかりのボディを傷つけちゃいけないと思って」と。これも、大がかりに「復元」作業が進められているところだという。

端のコンテナには、フェラーリ365GT4BBが。小暮さんにとって、至高のフェラーリだという「BB」だが、これはお客さんのクルマ。即走り出せる状態で、預かっているのだという。

「いま、ウチにはフェラーリが11台、集まっているんですよ」

――えっ、それは？

「おかげさまで、この付近にはフェラーリが多く棲息していますし、その方たちが口コミでウチを紹介してくれたりするんです。それでできたお客様のフェラーリをお預かりして、レストレーションしたり、単にお預かりしているものもあるんですが、逆にここだと土地代も安いですし、すぐに走り出せる場所もありますから」

——まえに「御殿場自動車生活」って本（NAVIブックス「クルマ好きならこんな街で暮らしてみたい」）を出したときも思ったんだけれど、こういう走れる環境のところに預かってくれるガレージがあって熱心なメカニックがいてくれたら、「スポーツカー預かり業」みたいなことがあったらいいなあ、と。

「いや、それなんです。本当はそういう預かり業をしたい気持ちもあるんですよ。夢がありましてね。60歳までにクラブハウスみたいなもの、寝泊まりできる設備までつくって、憩える場、拠点をつくりたいんです。そこにガレージがあって預かったフェラーリが置いてあって、それをみんなで見たり走らせたり。メインテナンスは引き受けられますし、いつも走り出せる状態で預かるんです」

——小暮さんがそういう施設のオーナー兼管理人をしてくれる、と。

「そう。是非させていただきたい（笑）と。仲間が集まって好きなものの話をしたり、刺激し合うのは愉しいことですから。なかなかひとりじゃフェラーリを好調に保っておけない。フェラーリのオーナーは自分の家に置けない事情のひともいるみたいですし（笑）」

――そういうのを預かってミニ博物館のようにもできる。オーナーはそれぞれで、好きなときに来て、持ち出して遊べる……。それはいい。

「実は、自分の父親を見ていて感じたことなんです。定年になったのち、もうなにをしていいのか、本当に老後という感じになっちゃうんですね。友人と思っていたひとも会社を通じてのひとは周囲から消えていくし、結局夫婦がすべて、それもどちらかに先立たれたりしたら。みんな順に歳をとって、ゴールインしていくんですからね、そんなことを考えると、絶対好きなものを持ちたい、同好の仲間は増やしたい、大切にしたい、と」

――いいよなあわれわれは。その点しなければならないことが山のよう（笑）！

「そう、だからそういう趣味の仲間が集まって、好きなことができる場を提供したい。とりあえず、それが夢、いってみればいまお客さんになって下さっている方たちへの恩返しのような気持ちもあるんです」

――なるほど。小暮さんの「Tタック」設立は、そのステップでもある、というわけだ。

「シーサイド」に入れてもらうつもりが……

――それにしても、小暮さんをここまでフェラーリにのめり込ませたのは、なにか大きなきっかけがあった?

「いや、子供の頃からの典型的クルマ好き。それがそのままここまで来てしまったみたいなもので。歳とともにだんだん昂じていって、学校をでる頃には、自分では『シーサイド・モーター』に入れてもらうんだって勝手に決めていたほどでした」

――「シーサイド」って、あのスーパーカー・ブームのまっただ中、ランボルギーニ、マセラティの代理店だった伝説のディーラー。1980年だったかな、忽然と消滅した……

「そうです。学生時代、毎週末には横浜の『シーサイド』のショウルームに通っていました。就職活動もせずに。だって卒業したらぜったい勤めさせてもらおうと勝手に決めていたぐらいで。給料なんかどうでもいい、クルマ磨きでもなんでもいいから、とにかくスーパーカーのそばにいたい。そんな気持ちでした」

――じゃ、「シーサイド」がなくなったのはショックだったでしょ？

「ええ、1980年に潰れちゃって、もうどうしていいのか判らない、そんな感じでしたね。学校に行き直そうかと考えたりもしました。もうクルマは諦めて、趣味に留めておこう、と。でもそのとき弟は高校でてもう働いていまして、自分も働いた方がいいか、という気もあったので、弟と同じ青果市場に就職しました。まあ時期はずれで就職口もなく、手近なところで、青果市場って朝は早いんですけれど、もう3時半に仕事は終えちゃうんですよ。それで夕方から、好きなクルマ関係のところに、っていうんで熊谷のタイヤ・ショップでバイトしはじめたんです」

――初めて小暮さんをお訪ねしたのは、そのショップで。

「そうですね。しばらく青果市場に勤めて、そこはバイトだったんですけれど、来ないかって話になって、市場に6年いましたから、28歳からそこに正式に勤めるようになったんですね」

――しかし、そこまでクルマに対する思いは強かった、というか子供の頃から色褪せることなくつづいていた、というか……

「いまでも思い出すんです。子供の頃、自分は自動車雑誌を読み漁っていました。それこそ小学生の頃はお金がありませんから、古本屋で。もう少し上になると、たとえば1000円小

「スーパーカー・ブーム」の時のカタログ類と下は一番のスターだったランボルギーニ・カウンタック。ブームの1975年頃、ちょうど高校生だった小暮さんは、少年たちとは違った目で、スーパーカーに夢中になったのだという。その思いが、「Tタック」に発展した。

遣いを持っていると150円で昼を済ませて、あとは雑誌を買ってしまう、そんな子供でした。お金に余裕があると、気に入った本は3冊買うんです。1冊は穴のあくほど読む、1冊は保存用、そしてもう1冊はバラバラにして、好きな記事だけをまとめる……」

――まあ、趣味人のカガミ！

「高校2年生の時、家が火事に遭いまして、一部は焼けてしまうんですけれど、例のブームの頃の『スーパーカー』の臨時増刊号なんていくつも残っていますし、『シーサイド』のつくった日本語版のカタログも全部揃っています。そういうのは、小学生の時に買ったものでも、いつどこで買ったもので、どんな記事に感激したか、なんて鮮明に思い出すから、やはり夢中だったんでしょうねえ。

就職したての頃なんて、初任給8万円のうち5万円が、雑誌や洋書代に消えていました」

――それは、いまとなっては凄い宝物になっている。小暮さんの知識になった分を含めて。趣味をつづけているお蔭ですな。継続は力。それは出来たての「Tタック」にもいえることですよね。

「BB」、そのファースト・ロットが欲しい

――そろそろフェラーリ話にいかなくちゃ。念願だったフェラーリに到達したのは？

「実はフェラーリはもう青果市場で働いていた時期に、ディーノ308GT4を手に入れていたんです」

――でもフェラーリでなくてディーノだったというのは？

「もちろん理想がディーノ308GT4だったというわけではないんです。『シーサイド』に通っていた頃から、最高は『BB』、身近な憧れはフェラーリ308GTBのファイバー・ボディと決まっていました。価格的にみて安価だったことから、まず入門するのはディーノ308GT4がいいかな、と。

それでもなかなか踏ん切りがつかない。現実的に財布を見ちゃうと、やはりフェラーリは別世界です。所有できるわけがないから、せめて触っていたいと『シーサイド』に入れてもらおう、そう思ったんですからね。

でも、フェラーリなどは実際に所有しないと分からないことが多い。思いは募るばかり、で。

そんなとき、雑誌の個人売買で近くにディーノの売り物があるのを見付けるんです。で、見に行ってなかなか悪くないと思うんですが、やはり決心にまではいかない。そう、1年以上迷っていてね。

どうなっただろうか、気になって1年後に連絡したらまだあるっていうじゃないですか。これはもう買うしかない」

——残っていたということは、小暮さんが買うべきだ、と。いかがでしたか、最初のフェラーリは？

「なにはともあれ、嬉しかったですよ。やはり、実際に所有してみていろいろなことが納得できた。その逆に、所有してみて新たな疑問も湧いてきました。

で、そのときこんな話があるんです。たとえば点火時期を知りたくて、質問したんですよ、ディーラーや専門店に。そうしたら誰もきちんとした答をくれないんですね。わからない、って。もっとも詳しく知らせたくない、フェラーリはマジックな方がいいという部分があったのかもしれない。

それにわれわれみたいな旧くて安いフェラーリ・オーナーはいいお客じゃないから、真剣に答えて貰えなかったのかもしれませんしね（笑）。

まあそういうことが重なりまして、それで、自分でとことん知ってみたい気になったんですよ。それでオーナーズのマニュアルやワークショップ・マニュアルを入手して、自分で手を下すようになるんです」

――ひとに訊くより資料と現物で知った方が確実だ、と。でもまあフェラーリのようなクルマは、あんまり根ほり葉ほりでない方がいい部分もあったりするんですけれどね(笑)。小暮さんはそれこそビス1本に至るまで、10年以上もかけて知り尽くしちゃうんですね。

「いや、正直をいうと、そこまでかけるつもりはなかったんです。2年間くらいは、買ったそのままの状態で乗ったのかな。それでまずボディをレストレーションするんです。フルレストレーションというほどではなかったんですけれど、鈑金、塗装して、まあ仕上がった。そこでちょっとしたトラブルがあって、エンジンが逝ってしまうんですよ。

乗れないまま置かれている。走らせたくても走らせられない。そうしたら別の興味が湧いてきて、自分で徹底的にレストレーションしてやろうと」

――フェラーリって実際に走らせると、なんていうのか別世界に連れていかれちゃうような感覚に陥ることがあります。バラしていくと、途中から後先考えるより先に、とにかくパーツひとつひとつにまでバラしてみたい、そんな気にさせられるんじゃないかなあ。

いまから10年ほど前に、完成真近だった小暮さんのディーノ308ＧＴ４を訪ねた。納屋の奥、毛布を被って大切そうに保管されていたのが印象に残る。多くのパーツを自分で輸入し、ひとつひとつ組み付けていった。その13年間の経験は、今後も活かされていくはずだ。

「そう、そういう部分はありますね。それがフェラーリというクルマだったからよけい興味が深かったんでしょうね。手づくりの部分が多いでしょ。シルの内側に製作の日付が入っていたり、ボディパネルの継ぎ目の処理、内装のやり方など、イタリアのカロッツェリアの手法など、ひとつひとつが発見でしたから」

——その頃の話で、親戚の納屋に置かせてもらっていたディーノのもとに、仕事が終わって深夜に駆けつけ、ほとんど夜を徹して夢中で直した時期があった、って訊きました。

「そうですね。仕事が終わって10時頃かな。自宅から10kmほど離れたところにあったんですけれど、ディーノのことを考えながら駆けつけるんです。側にいくと、いろいろやりたいことがでてきて、なかなか帰れない。そんな生活を10年つづけたわけです」

——でも、そうしたお蔭で、もうディーノ308GT4の隅から隅まで知ってしまう。それと同時に……

「フェラーリとはどういうものか、フェラーリのやり方、基本的な公式みたいなものが分かりましたね。そういうのがベースになって、みなさんのフェラーリをお預かりして触らせてもらう、そんな気持ちです。

ええ、フェラーリだけだったらビジネスとして成り立たないのはわかっているんです。掛かった時間をそのまま計算して請求するわけにもいきませんし、それでもやはりフェラーリなどはどうしても手間が掛かるものですし」

――そうだ、大事なことをいい忘れていたけれど、「好きを仕事に」だからフェラーリの話ばかりしてきたけれど、小暮さんの「Tタック」は、フェラーリだけじゃないんですよね。フェラーリ関連のメインテナンス、レストレーション、部品調達などの仕事のほかに、国産車、とくに「Kカー」などのチューニング、メインテナンス、そのパーツ製作、販売などもしている。

「そうです。ビジネスという点でいいますと、フェラーリ関連は2割にも満たないんじゃないですか。フェラーリだけでやっていったら精神的に厳しいと思ったりします。だってなかなか思うようにいかないことが多いですから。たとえばパーツひとつとっても、すべてが揃っているわけじゃない。パーツそのものにしても車体番号で細かく異なる」

――逆にそういうものだから、世界レヴェルで、パーツを捜して、迅速に対応できることが「価値」になったりする……。いつきても、「Tタック」にはフェラーリが停まっていたり、専門のショップのような感じがある。

「不況もフェラーリ・オーナーにはあまり関係ないみたいですね。やっと買ったひともいるし、この不況を逆に利用して、というひともいる。不況なんかどこ吹く風。やはり一般の動き、価値観と違うところにいるからフェラーリ、という感じもしますね。

でもフェラーリ・オーナーというと、変わり者が多いと変な色眼鏡で見られることもあるみたいですが、ウチの輪の中に入ってくれるひとは、いい方ばかりでね。逆に純粋にクルマ好きという面が強く感じられるんです。バーベキュー・パーティなんかすると、『軽』のオーナーもフェラーリのオーナーもグッチャです。一緒にワイワイ。そう、こういう時代だから、お金で持つひとより情熱で持つひとの方が多くなっていることかもしれませんね」

小暮さんが理想の1台にあげる「BB」ことフェラーリ365GT4BB。カウンタックと並んでスーパーカーの頂点に立つ、歴史に残る忘れ得ぬフェラーリだ。

欲しいフェラーリに話が及んだ。「ＢＢ」が最高という思いはいまも変わらないようだ。「どうしても初期が欲しい。それもファースト・ロットが」と。もっともオリジナルなかたちに興味がいくのだ、という。３６５ＧＴ４ＢＢか５１２ＢＢか、なんていう次元じゃないのだ。つまり、フェラーリの「ＢＢ」シリーズは、１９７４年の３６５ＧＴ４ＢＢにはじまって、エンジンを排気量アップして１９７６年10月発表の５１２ＢＢに、さらにインジェクションを導入して１９８１年から５１２ＢＢｉにチェンジする。乗りやすさでは５１２ＢＢｉだ、完成度では５１２ＢＢだ、とそれぞれ贔屓があるが、純粋一途の小暮さんには最初の３６５ＧＴ４ＢＢ、それも初期モデルしか眼中にないのだ、という。

フェラーリの魔力、フェラーリは完調なものに乗らなくちゃ。わたしでさえＢＢのアクセル全開にできない。一度でもいいからそういうのを体験して欲しい、とも。

「つくづく思うんですけれど、一般的な人間の感性として、３００km／ｈが極限。だったらやはり『ＢＢ』なんですよ。フェラーリの従属性、飛びきり優秀な犬が懐くみたいなところは、何物にも変えがたい魅力」とフェラーリ賛美はとどまるところを知らない。

20年後、フェラーリ好きのたまり場ができたときも、小暮さんはキラキラ目を輝かせながら、フェラーリの魅力を熱く語ってくれるにちがいない。

小暮高夫（こぐれ・たかお）さん
1958年、埼玉県行田市生まれ

㈲ティータック

代表取締役　小　暮　高　夫

〒361-0084
埼玉県北埼玉郡南河原村大字南河原2588-4
TEL FAX (0485) 57−0684

あとがき

しかしクルマ趣味はいいものだ。趣味をもつのはいいことだ。

本書をつくりながら、何度もそう実感していた。趣味が同じというだけで、すぐに10年来の友人になれたり、先輩や後輩との年齢差をなしにできたりした。好きなクルマの話はいつまでもとどまるところを知らなかったし、クルマを仲立ちとしていろいろなことを話し合うことができた。

友人もそうだが、長くつづけることで、初めて分かること、見えてくることがある。クルマだって、ヒョイと買って自分の見込み違いだったことを棚に上げて、面白くない、とすぐに次に乗り換えるのはやはり外から見ていて切ない。欲しい欲しいと思いを募らせて、その末に手に入れた1台のクルマを長く愛好するのは、「基本」だ。

お金さえあれば、誰でも好きなクルマを手に入れられる。こんな自由で素晴らしいことはない。ただし、自由には義務と、そして「正義」がなくてはならない。本当にこのクルマに自分が乗ることが正しいことか。大仰にいうと、それは「正義」に照らして、いいことか。自分に甘い基準で選んではいないか。「おまえ、ホントにいいんだな？」そう先輩に念を押され、相応な覚悟を持って、1台のヒストリックカーを手にしたことを思い出す。そのときは、なんで自分のお金でクルマを買うのに……とチラと思ったけれど、「その20年前のヒストリックカーは、20年間何人かのオーナーに大事にされてきたんだ。おまえが壊してしまったらそこで20年間のオーナーの愛情努力は無になるんだからな」ということばに反論はなかった。

趣味とはそういうものなのだ。趣味のクルマを手にするというのはそういうことなのだ。先輩に教わってから20年以上経って、ようやく実感した。遅きに失したかもしれないが、これは是非後輩にも伝えなければいけない、と思った。

本書のきっかけは、「専門ショップ」のボス、というクルマ趣味の先輩に、その半生を通じてクルマと接してきた経験、生活、そこから長く楽しむことの素晴らしさと趣味の先輩としてのことばをいただきたい、と思ったことだ。

もちろん趣味は偉大なるアマチュアリズムの所産である。それを承知の上で、プロである「専門ショップ」のボスを訪ねた。だから「好きを仕事に」、なのである。

本文でも述べたが、いまから25年ほど前に、「専門ショップ」の第1期生というような方たちが、勇気と希望に燃えて、「好きを仕事に」するために独立した。まだホンの一握りの数だったクルマ好きを相手に、趣味の先輩役を果たしてくれた。プロではあるけれど、クルマ好きということではわれわれの仲間。20年前、「スペシャル・ショップ」というムックをつくったのは、ぜひそうした先輩を応援したいという思いからだった(われわれもまた、クルマ好きを雑誌制作という仕事にしてしまった同類だったわけだし)。

それを繰ってみると懐かしい名前がいくつも挙がる。

英国車中心の「スリーブランチ」。名人、平武司さんにはいろいろなことを教わったものだ。ほかに英国車関係では小林さん兄弟の「クラシック・ガレージ」、安井潤さんの「SAM」、ロータスが得意だった蓁科哲夫さんの「ワラシナ自動車」、福井勝巳さんの「プロオート・フクイ」など。その頃ミニも盛んになりはじめで、山口正彦さんの「イーストポイント」、丸山さん兄弟の「ミニ丸山」、河西弘行さんの「ガレージ・ミニ」、萩原起彦さんの「コルサ」、丸山修二さんの「ガレージ・アウトデルタ」などがあった。ポルシェは村田邦夫さんの「レッドライン」、その部品が藤沼さん兄弟の「世田谷サービス」

（エスエス）。VWは小森隆さんの「フラット4」。アルファ・ロメオでは安藤俊一さんの「ミラノ・オート」、長谷川修さんの「ダイワ・インターナショナル」、アバルトのQTこと「クイック・トレーディング」寺島誠一さんなどの名前が思い出される。パーツも信澤洋志さんの「シンヨウ」、長田栄一さんの「スピードショップFⅡ」や下里進さんの「タルガ」など、レストレーション専門の「カー・クラフト」下平憲一さんも忘れられない。クルマ趣味という点では、模型関係もちょうど専門店ができ、植本秀行さんの「メイクアップ」、池田直治さんの「ミニカーショップ・イケダ」、小嶋慶三さんの「ミニカーショップ　コジマ」、三好良巳さんの「Mr．クラフト」などが旧くからの「専門ショップ」として思い付く。こうして名前を挙げてみると、現在も活躍中のショップもあるし、志し半ばにして、世間の荒波に呑まれて消えてしまったショップもある。

今回はホンのその第1回目、と考えていただいてもいい。まだまだご紹介したい「クルマ好きを仕事に」した先輩、「好き」を糧に、クルマを相手に奮闘しているひとは少なくないのだから。

本書をまとめてみて思ったのは、もう一度、クルマとはいいものだ、趣味とはいいものだ、と改めて感じたことだった。いま世の中は不況である。クルマで遊んでなぞいられない。そういって、ショップに顔も出さなくなったひともいるかもしれない。10年間大事にしてきたクルマを手放さなければならなかったひともいたかもしれない。

でも逆に、思い通りにいかないことが重なって嘆息吐息の時、お気に入りのクルマをひと走りさせることで気持ちは和む。クルマを走らせながら、このクルマをつくったヒーリーさんは（このクルマは「カニ目」ということにしよう）、このクルマをつくったのちに大オースティンとの確執があって、必ずしも嬉しい結末には至らなかった。そんなことに較べたら、自分の思い通りにいかないことなど些細なものかもしれぬ、そう納得できたりした。

走らせなくてもガレージに行って、眺めるだけでいい、というひともいる。クルマは手放してしまったけれど、かつてのアルバムを見たり、そのクルマの物語を書物で読むだけでも、充分な「鎮静剤」の役は果たす、という友人もいた。

やはりクルマとはいいものだ、好きなものがあるのはいいことだ。

取材に際して、特に採り上げさせていただいた方をはじめ多くの方々の協力を頂戴した。すでに月刊誌等で紹介した方もおり、一部話が重複しているのはお許しいただきたい。最初の取材で出た話をまったく変えて話すというのも妙である。

それにしても、はじめてお目に掛かった方でも、好きなものの話はすぐに「一度話せば10年来」の関係にしてくれる。「仕事の相手じゃこうはいかないよね」ということばの裏には、「好きを仕事に」しているショップのボスは、やはり商売相手ではなく、同じ趣味の仲間という感覚の方が優先しているからであろう。ただし、そういうボスに対しては、まずお客の方が心を開いていく必要がある。ボスに身構えられたとしたら、それはお客であるあなたのことば、態度がそういう風にさせているのかもしれない。

文末になったが、お力添えをいただいたショップ各位、本書を実現させて下さった二玄社の編集部、とりわけ担当いただいた河村昭、江木亜紀子ご両名の尽力に改めて謝意を表したい。

著者記す

クルマ好《す》きを仕事《しごと》にする
熱血自動車生活《ねっけつじどうしゃせいかつ》

2000年3月10日　初版第1刷発行
2003年5月15日　初版第3刷発行

著者　いのうえ・こーいち

発行者　渡邊隆男

発行所　株式会社　二玄社
東京都千代田区神田神保町2-2　郵便番号101-8419
営業部＝東京都文京区本駒込6-2-1　郵便番号113-0021
電話（03）5395-0511

*

印刷所　平河工業社
製本所　積信堂

定価はカバーに印刷してあります。
落丁・乱丁はご面倒ですが小社販売部あてにご送付ください。
送料小社負担にてお取り替えいたします。
ISBN4-544-04333-6

NAVI BOOKS

自動車を楽しむ人たちの単行本シリーズ

クルマ好きだったら こんな街で暮らしてみたい
いのうえ・こーいち
ここに登場する人物やモノ、場所は、自動車好きにはたまらないものばかり。本書を読めば、御殿場生活をしたくなるハズ!?
1500円

ちょっと、古い、クルマ探偵団
NAVI編集部
『NAVI』7年間の連載から選りすぐった30話を国別に編集。ちょっと古いクルマと暮らす人々の喜怒哀楽人生劇場。
1200円

続・ちょっと、古い、クルマ探偵団
NAVI編集部
『NAVI』人気連載シリーズの第2弾。本編に加え、新たに書き下ろしたコミックやコラム、実用情報も満載の一冊。
1200円

10年10万キロストーリー 1・2
金子浩久
一台のクルマに長く乗り続ける秘訣とは？市井の愛車家25人を取材した、大評判の人とクルマのルポルタージュ。
各1600円

愛しのティーナ
松本 葉
『NAVI』編集記者だった著者がトリノへ渡り、そこで巡り会ったチンクエチェント『ティーナ』との生活を描いたエッセイ。
1200円

ENSŪ BUNKO

知的自動車エッセイシリーズ

エンスー養成講座 **渡辺和博**

エンスーの元祖・渡辺和博が贈る、「これからのクルマの楽しみ方」、「知っているつもりで知らなかったマル得知識」。

1400円

クルマ名人伝 **岡見 圭**

ラジエーター修理の第一人者等、自動車王国ニッポンを裏で支える、13人のクルマ仕事師たちのハードボイルドな物語。

1359円

僕の恋人がカニ目になってから **吉田 匠**

「キュートでワガママな女の子に似ている」と、スポーツカーに耽溺する著者が涙ぐましい遍歴を語る、偏愛的クルマ道楽記。

1400円

クルマの掟 **徳大寺有恒**

モータージャーナリスト界の第一人者が放つ、新時代のクルマと人との付き合い方の掟。クルマ選びの画期的実用書。

1359円

○マルクス × **鈴木正文**

『NAVI』編集長だった著者が自身の遍歴を語る。他誌に寄稿した原稿を中心に書き下ろしを加えた、敗者復活エッセイ。

1359円